高等职业教育土木建筑类专业新形态教材

U0711345

建筑装饰施工技术

主　编　王　慧　李炳顺

副主编　汪继锋　陈　英　陈香草　孙　芬

参　编　唐　磊　何韵琴　邵爱民　张　欢

　　　　唐石琪　王靖洁

北京理工大学出版社

BEIJING INSTITUTE OF TECHNOLOGY PRESS

内 容 提 要

本书是按照高等院校建筑装饰工程技术、建筑装饰材料技术和建筑室内设计等专业的教学基本要求编写的校企共建新形态教材。本书主要内容包括建筑装饰施工技术基础、改造工程施工技术、隔墙工程施工技术、楼地面工程施工技术、墙（柱）面装饰工程施工技术、顶棚工程施工技术、安装工程施工技术。本书的重难点、知识点和技能点，配有丰富的数字化资源和视频类资源，可直接扫描书中的二维码观看学习。

本书可作为高等院校建筑装饰工程技术专业教材，也可作为建筑装饰及相关专业的教材，还可作为社会学习者、工程技术人员、培训机构的参考用书。

图书在版编目（CIP）数据

建筑装饰施工技术 / 王慧，李炳顺主编 . -- 北京：
北京理工大学出版社，2023.6（2023.9 重印）
　　ISBN 978-7-5763-2506-5

　　Ⅰ . ①建… 　Ⅱ . ①王… ②李… 　Ⅲ . ①建筑装饰—工程施工—高等学校—教材 　Ⅳ . ①TU767

中国国家版本馆CIP数据核字（2023）第113360号

责任编辑：钟　博		文案编辑：钟　博	
责任校对：周瑞红		责任印制：王美丽	

出版发行 / 北京理工大学出版社有限责任公司
社　　址 / 北京市丰台区四合庄路 6 号
邮　　编 / 100070
电　　话 / （010）68914026（教材售后服务热线）
　　　　　　 （010）68944437（课件资源服务热线）
网　　址 / http：//www.bitpress.com.cn
版 印 次 / 2023 年 9 月第 1 版第 2 次印刷
印　　刷 / 河北鑫彩博图印刷有限公司
开　　本 / 787 mm×1092 mm　1/16
印　　张 / 11
字　　数 / 264 千字
定　　价 / 38.00 元

Foreword

前 言

建筑装饰施工技术是建筑装饰工程技术专业的一门重要课程。通过本课程的学习，学生应掌握建筑装饰工程施工的主要技术要求、工艺规范与验收标准等；具备装饰工程施工技术、施工管理和工程质量验收的能力，为其形成职业能力奠定基础，达到装饰工程施工技术和施工管理岗位职业标准的相关要求，养成认真、负责、善于沟通和写作的思想品质，树立服务意识，培养职业能力和职业素养。

本书为实现课堂与教材的改革，注重内容的实践性和实用性，以建筑装饰装修工程项目为主体，以建筑装饰装修施工技术为主线，以"项目导学、任务目标、任务内容、任务实施、任务小结、课后训练、二维码微课学习"七个完整的项目实施阶段，组织建筑装饰施工技术基础、改造工程、隔墙工程、楼地面工程、墙（柱）面装饰工程、顶棚工程、安装工程七个项目的装饰装修施工技术教学内容，全面训练学生的专业核心能力，以满足建筑装饰装修工程行业岗位发展的基本需求。

本书由襄阳职业技术学院王慧负责统稿，由襄阳职业技术学院王慧、李炳顺、汪继锋、陈英、陈香草、唐磊、何韵琴、邵爱民、张欢和湖北生物科技职业学院孙芬、江西环境工程职业学院唐石琪、王靖洁共同完成调研、素材制作和教材内容编写。

由于编者水平有限，加之时间仓促，书中的不足之处在所难免，恳请广大读者提出宝贵意见，便于进一步修订完善。

编 者

Contents

目　录

项目一 建筑装饰施工技术基础

项目导学

随着经济建设的深入发展，人们对建筑装饰工程技术有了更高的要求，建筑装饰新材料、新技术、新工艺应运而生。材料环保、施工规范、质量达标，创造一个功能合理、舒适美观、绿色环保的空间环境，促进建筑装饰业的健康发展，具有非常重要的意义。本项目以国家标准《建筑装饰装修工程质量验收标准》(GB 50210—2018)、《住宅装饰装修工程施工规范》(GB 50327—2001)、《建筑工程施工质量验收统一标准》(GB 50300—2013)等为主要依据。

本项目共有两项任务，任务一为建筑装饰施工技术认知，任务二为建筑装饰工程施工规范与质量检验。

想一想

1. 你在生活中见到过的工程部位哪些属于建筑装饰施工的内容？
2. 你能想到的建筑施工企业的岗位有哪些？你将来打算从事何种岗位工作？

任务一 建筑装饰施工技术认知

建筑装饰是建筑装饰装修工程的简称，中华人民共和国国家标准《建筑装饰装修工程施工质量验收标准》(GB 50210—2018)中对"建筑装饰装修"的定义为"为保护建筑物的主体结构、完善建筑物的使用功能和美化建筑物，采用装饰装修材料或饰物，对建筑物的内外表面及空间进行的各种处理过程。"

任务目标

1. 掌握建筑装饰施工的作用；
2. 掌握建筑装饰施工的分类；
3. 掌握建筑装饰施工的顺序；
4. 掌握建筑装饰工程的内容；
5. 掌握国内装配式装修的发展及优势。

任务内容

1. 任务描述：某工程单位承接了三个不同工程项目需进行装饰装修施工，请观察

图1.1装修效果图，分析总结哪些施工内容属于建筑装饰装修范围，描述建筑装饰施工的作用、分类、顺序和内容。

2. 参考规范：《住宅装饰装修工程施工规范》《建筑装饰装修工程质量验收规范》《建筑内部装修设计防火规范》等施工规范、手册。

图1.1　建筑装饰装修图

一、建筑装饰施工的作用

建筑装饰工程是在建筑实体上进行装饰的工程，包括建筑内外装饰和相应设备设施，归纳起来具有以下几点作用。

1. 保护建筑主体结构

建筑装饰施工依靠相应的现代装饰材料及科学合理的施工技术，对建筑结构进行有效的构造与包覆施工，使其避免直接经受风吹雨打、湿气侵袭、有害介质的腐蚀及机械作用等伤害，以达到保护建筑结构的目的（图1.2）。

图1.2　保护建筑结构

2. 保证空间使用功能

建筑装饰施工是为满足建筑物在保温隔热、防水性能、防火防盗、采光亮度、清洁卫生、隔声吸声等方面的要求而进行的（图1.3）。

3. 优化环境，合理布局

建筑装饰施工通过对建筑空间的合理规划与艺术分隔，配以各类家具和装饰性物品等，优化人类生活和工作的物质环境（图1.4）。

图1.3　满足使用要求

图 1.4　绿植、工艺品及家具优化环境

4. 美化建筑，提高艺术效果

建筑装饰施工通过对色彩、质感、线条及纹理的不同处理来弥补建筑设计上的某些不足，做到在满足建筑功能的前提下美化建筑，改善人们居住、工作和生活的室内外空间环境，由此提升建筑物的艺术审美效果(图 1.5、图 1.6)。

图 1.5　色彩与线条的美化功能

图 1.6　玻璃砖的美化功能

二、建筑装饰施工的分类

1. 按装饰装修的部位分类

(1)外墙装饰装修：包括涂饰、贴面、挂贴饰面、镶嵌饰面、玻璃幕墙等(图 1.7)。

(2)内墙装饰装修：包括涂饰、贴面、镶嵌、裱糊、织物镶贴等(图 1.8)。

图 1.7　外墙装饰装修

图 1.8　内墙装饰装修

（3）顶棚装饰装修：包括顶棚涂饰、各种吊顶装饰装修等（图1.9）。

（4）地面装饰装修：包括石材铺砌、墙地砖铺砌、塑料地板、发光地板、防静电地板等（图1.10）。

图1.9　顶棚装饰装修

图1.10　地面装饰装修

（5）特殊部位装饰装修：包括特种门窗的安装、室内外柱、扶手、窗帘盒、暖气罩、筒子板、各种线角等。

2. 按装饰装修的材料分类

按所用材料的不同，装饰装修可分为以下几类。

（1）各种灰浆材料类：如水泥砂浆、混合砂浆、白灰砂浆、石膏砂浆、石灰砂浆等。这类材料可分别用于内墙面、外墙面、地面、顶棚等部位的装饰装修。

（2）各种涂料类：如溶剂型涂料、乳液型涂料、水溶性涂料、无机高分子系涂料等。各种不同的涂料可分别用于外墙面、内墙面、顶棚及地面的涂饰（图1.11）。

（3）水泥石碴材料类：以各种颜色、质感的石碴做集料，以水泥做胶凝剂的装饰材料，如水刷石、干粘石、剁斧石、水磨石等。这类材料装饰的立体感效果较强，除水磨石主要用于地面外，其他材料多用于外墙面的装饰装修（图1.12）。

图1.11　真石漆墙面

图1.12　水磨石地面

（4）各种天然或人造石材类。如天然大理石、天然花岗石、青石板、人造大理石、人造花岗石、预制水磨石、釉面砖、外墙面砖、陶瓷马赛克、玻璃马赛克等，可分别用于内墙面、外墙面及地面等部位的装饰装修（图1.13）。

(5)各种卷材类。如纸面壁纸、无纺织墙布、织锦缎等，主要用于内墙面的装饰装修，也可用于顶棚的装饰装修。还有一类用于地面装饰装修的卷材，如塑料地板革、塑料地板砖、纯毛地毯、化纤地毯、橡胶绒地毯等(图1.14)。

图 1.13　大理石石材　　　　　　　图 1.14　羊羔绒地毯

(6)各种饰面板材类。如各种木质胶合板、铝合金板、不锈钢钢板、镀锌彩板、铝塑板、石膏板、水泥石棉板、矿棉板、玻璃及各种复合贴面板等。这类饰面板材类型很多，可分别用于内墙面、外墙面及顶棚的装饰装修。

三、建筑装饰施工的顺序

建筑装饰工程工序繁多，工程量大，工期较长，一般占工程总工期的30％～40％，高级装饰工程甚至占工程总工期的50％～60％。因此，妥善安排装饰工程的施工顺序，对加快施工进度，降低工程成本具有重要的意义。

1. 自上而下的流水顺序

自上而下的流水顺序是主体工程完成以后，装饰工程从顶层开始到底层依次逐层进行。这种流水顺序在房屋主体结构完成后进行，有一定的沉降时间，可以减少沉降对装饰工程的损坏；屋面完成防水工程后，可以防止雨水的渗漏，确保装饰工程的施工质量；还可以减少主体工程与装饰工程的交叉作业，便于进行组织施工。

2. 自下而上的流水顺序

自下而上的流水顺序是在主体结构的施工过程中，装饰工程在适当时机插入，与主体结构施工交叉进行，由底层开始逐层向上施工。为了防止雨水和施工用水渗漏对装饰工程造成不利影响，一般要求上层的地面工程完工后，才可进行下层的装饰工程施工。这种流水顺序在高层建筑中应用较多，总工期可以缩短，甚至有些高层建筑的下部可以提前投入使用，及早发挥投资效益。但这种流水顺序对成品保护要求较高，否则不能保证工程质量。

3. 室内装饰与室外装饰施工的先后顺序

为了避免因天气原因影响工期，缩短脚手架的周转时间，给施工组织安排留有足够的回旋余地，一般采用先进行室外装饰再进行室内装饰的方法。在冬期施工时，则可先进行室内装饰，待气温升高后再进行室外装饰。

4. 室内装饰工程各分项工程施工顺序

（1）抹灰、饰面、吊顶和隔墙等分项工程，应在隔墙、钢木门窗框、暗装的管道、电线管和预埋件、预制混凝土楼板灌缝等工程完工后进行。

（2）钢木门窗及玻璃工程，根据地区其后条件和抹灰工程的要求，可在湿作业前进行；铝合金、塑料、涂色镀锌钢板门窗及其玻璃工程，宜在湿作业完成后进行，如果需要在湿作业前进行，必须加强对成品的保护。

（3）有抹灰基层的饰面板工程、吊顶工程及轻型花饰安装工程，应待抹灰工程完工后进行，以免产生污染。

（4）涂料、刷浆工程及吊顶、罩面板的安装，应在塑料地板、地毯、硬质纤维板等地面的面层和明装电线施工前、管道设备试压后进行。木地板面层的最后一遍涂料涂刷，应待裱糊工程完工后进行。

（5）裱糊与软包工程，应待顶棚、墙面、门窗及建筑设备的刷浆工程完工后进行。

5. 顶棚、墙面与地面装饰工程施工顺序

（1）先做地面，后做顶棚和墙面。这种做法可以减少大量的清理用工，并容易保证地面施工的质量，但应对已完成的地面采取保护措施。目前多采用此施工顺序，有利于保证质量。

（2）先做顶棚和墙面，后做地面。弊端是基层的落地灰不清理，地面的抹灰质量不宜易保证，易产生空鼓、裂缝，并且在地面施工时，墙面下部易遭沾污或损坏。

总之，装饰工程的施工，应考虑在施工顺序合理的前提下，组织安排各个施工工序之间的先后、平行、搭接，并应注意不被后续工程损坏和沾污。

四、建筑装饰工程的内容

1. 建筑装饰装修范围

按照建筑装饰装修施工顺序，建筑装饰装修范围见表 1.1。

表 1.1　建筑装饰装修范围

装修范围	施工目的
顶棚	划分空间、隐藏空调等管道，美化室内环境
内外墙、柱面	保护建筑主题，满足使用及美化功能
地面	满足易清洁、耐冲洗、防滑等功能
楼梯	满足安全、装饰功能
门窗	改善隔声、采光等功能

2. 建筑装饰工程的内容

建筑装饰装修可划分为装饰装修设计和装饰装修施工两个过程，见表 1.2。

表 1.2　建筑装饰装修设计及施工内容

序号	项目	主要内容
1	装饰装修设计	方案设计：根据甲方要求，完成建筑装饰平立剖详图等图纸设计，主要是艺术和功能的设计，是对建筑装饰的完善和深化，是对建筑空间的再设计和再加工。 技术设计：为实现方案设计的各项效果而进行的各种技术细节的设计，包括各类装饰材料的选用、装饰装修的构造设计及配电、智能、消防、暖通、节能、安保及施工技术的方案设计
2	装饰装修施工	实现装饰装修设计的效果，完成装饰装修工程施工的组织与管理。 根据国家或地方的施工验收规范，进行各项技术工种的具体施工

五、国内装配式装修的发展及优势

1. 国内装配式装修的发展情况

相对于发达国家，我国装配式装修发展尚处于初级阶段，技术标准需尽快完善，构建设计、生产、施工、验收维护等完整的产业链，引导和规范装修产业化发展。虽然我国在零散的、未成体系的装配式装修部品领域发展可追溯的历史十分悠久，但是成体系的装配式装修技术发展到现在仍落后于国外发达国家。

2. 国内发展装配式装修面临的问题

大力发展装配式装修已经成为建筑业转型升级的必然选择，随着政策、标准体系的完善，装配式装修发展的环境趋于成熟。然而，与其他国家相比，我国装配式装修发展还处于初级阶段，发展过程中仍面临一定的问题。

(1)涉及领域繁杂，导致行业有效供给不足。

(2)标准体系不完善，企业创新遇阻。

(3)制度与机制不健全，发展空间受限。

除以上问题外，市场中新型部品和材料的比例相对较低，制约了装配式装修在更大范围、更高层次的推广应用。部品的尺寸、性能的标准化和通用化程度差的问题依然存在，制约了装配式装修的全面推广。

3. 装配式装修的发展意义

装配式装修适用于新建建筑、翻新与改造的建筑、居住建筑、公共建筑、预制混凝土结构装配式建筑、钢结构、木结构的装配式建筑。发展装配式装修，从全社会的角度讲，具有以下三个方面的重要意义。

(1)有利于提高建筑品质，促进可持续发展。装配式装修实现了内装与管线、结构分离，有利于内装灵活调整，不损伤建筑主体结构，延长建筑使用寿命。装修现场无湿作业、无噪声、无垃圾、无污染，装修完毕即可入住，实现了建筑内装环节的节能环保。此外，装配式装修的部品工厂制造环节更有利于融入信息化手段，通过工业化与信息化融合，实现部品质量可追溯，有利于装修完成后的检修及后期维护，部品数据及时录入数据库，对于提升室内装修管理质量，建设智慧型社区具有积极的促进作用。

(2)有利于建立现代化理念，改变建筑行业生态。在装配式装修理念的推行下，传统建筑业的生态环境将彻底被颠覆，建筑业将不再是苦、脏、累、险的行业，而是科技型、节能环保型、生态友好型、和谐宜居型。装配式装修将以"BIM＋"为代表的高技术领域融入建筑产业转型升级，将绿色建材应用于建筑与装修环节，将干法施工、快装工艺传达到一线作业的工人，将多养护、少维修、全生命周期管理等高端理念运用到建筑的管理中，形成全新的现代化建筑理念。

（3）有利于缓解环境问题，促进建筑业绿色发展。从技术本身来看，装配式装修将室内大部分装修工作在工厂内通过流水线作业进行生产。装配式装修根据现场的基础数据，通过模块化设计、标准化制作，提高施工效率，保证施工质量，使建筑装修模块之间具有很好的匹配性。同时，批量化生产能够提高劳动效率，节省劳动成本。这种建造方式为施工现场的绿色装修创造了积极和有利的条件，为促进节能减排和建设可持续发展的社会奠定了基础，主要体现在节材、节水、节能、去加工、去污染等方面。

4. 装配式装修的优势

根据北京保障房中心多年的经验数据，50 m² 的公租房采用装配式装修方式可以节约用水达到 85%，地面减重 67%，单个房间工期缩短 80%，原来 30 d 完成的传统装修量，改为装配式装修可以在 6 d 内完成，同时用工量减少 60%，项目全程节能降耗率达到 70%。现场装修所用部品部件均为工厂生产并采用安全环保材料，保证装配式装修施工现场零污染、零甲醛、零噪声，且可以即装即住。

表 1.3 以 50 m² 户型进行传统装修与进行装配式装修进行对比，可见节材节能效果明显。装配式装修 50 m² 户型项目采用的干式工法，管线与结构分离，一方面避免了传统湿作业下的开裂、空鼓等质量通病；另一方面，通过轻质隔墙可实现空间上的灵活调整，并且通过后期的维护与保养，保证客户使用的满意度，达到延长建筑寿命、灵活调整内装的效果。

表 1.3　传统装修做法与装配式装修做法对比

内容	传统装修做法	装配式装修做法	对比
现场作业工期	约 30 d	6 d	减少 80%
用工量	约 100 工日	40 工日	减少 60%
地面用材	混凝土、水泥、砂、瓷砖或木地板等，综合每平方米质量约为 120 kg	地暖模块、硅酸钙复合板等，综合每平方米质量约为 40 kg	减少 67%
隔墙用材	水泥隔墙板、水泥、砂、瓷砖、腻子、涂料等，综合每平方米质量约为 100 kg	轻钢龙骨、岩棉板、硅酸钙复合板等，综合每平方米质量约为 30 kg	减少 70%
吊顶	铝扣板或石膏板	硅酸钙复合板吊顶，综合每平方米质量约为 5 kg	基本持平
装修材料质量	约 11 t	约 4 t	减小 64%

综上所述，装配式装修的优点归纳如下：

（1）节约原材料。依托先进的装配式装修部品集成制造技术，实现部品部件工业化生产，现场无裁切，保证了原材料边角料无浪费。以 BIM 技术实现建造过程的场景模拟，增强了设计阶段的控制能力，避免了施工中出现的材料浪费。

（2）节约工期。经验数据表明，采用全屋集成的装配式装修技术体系，可以实现 50 m² 单屋装修 4 个工人 6 d 完成，且装修完成即可入住。

（3）质量稳定。工厂批量化生产保证了制造过程中部品性能的稳定性，在施工过程中采用干式工法，避免了传统湿作业带来的质量通病，保证了装修质量。

（4）效率提高。装配式装修简化了传统装修现场的繁复工序，将传统手工作业升级为工厂化生产部件、现场装配，工艺和流程标准化，极大地提高了施工效率。

（5）绿色环保。装配式装修在材料选择上突出防水、防火、耐久性和可重复利用的特点，作业环境干净、整洁、无污染，施工过程无噪声，装修效果环保节能。

（6）维修便利。装配式装修将内装与结构分离，装修部品部件标准化生产，工厂备有常用标准部件，更换便利，且在装修管线布置环节充分考虑了维修的方便性。

（7）灵活拆改。装配式装修将内装与结构分离，适应不同居住人群和不同家庭结构对建筑空间需求的变化，室内空间可以多次灵活调整，不损伤主体结构，保障建筑使用寿命。

（8）过程透明。采用装配式装修，部品集中在工厂制作，可进行质量监督管理，现场操作环节简单，全过程利于管控，规避了传统装修依赖手艺人的风险。

（9）经济指标合理。综合来看，装配式装修的经济指标不高于传统装修。装配式装修的费用节约体现在用工人数减少、用工时间缩短、安装难度降低，整体节约工费约60%，部品工厂生产原材料节省量达到20%。北京装配式装修公租房项目内装费用为每平方米1 000元，其中，减少传统手工艺人、缩短工时节省的资金用于购置更好的原材料，保证装配式装修品质。因此，单从经济指标来看，装配式装修费用不高于传统装修费用。

此外，全屋装配式装修维修技术体系基于填充体与结构体分离，部品在工厂中生产，现场以干式工法进行装配，避免了传统湿作业的质量通病，同时实现了环保节能目标。与传统装修相比，装配式装修改变了传统的装修建造逻辑，从传统装修繁复的工程组织转变为到工厂进行生产，从现场的多专业协作到安装工、电工的流程化安装，整体流程的变化导致工厂在装配式装修中起到至关重要的作用，使现场的环节极大简化。传统装修与装配式装修对比见表1.4。

表1.4　传统装修与装配式装修对比

比对项目	传统装修	装配式装修
设计环节	尺寸多变、逻辑非标	一体化、标准化、模块化、工业化建造逻辑
建造环节	人、材、机、组织繁复，现场加工	以工厂为核心，集成制造，现场组装
运维环节	砸、凿、剔……影响主体结构	标准化部品备件，全生命期运维
品质对比	依赖手工、品质粗糙、产生污染	精度高、效率高、绿色环保、即装即住
预算控制	费用变动较多，预算不可控	预算可控，一价到底
成本运营	项目繁多，开发周期长，易增加额外的管理、销售和财务费用	大幅度降低人工成本，实现节约工费60%，缩短开发周期，节约资金和时间成本，节省建设管理费用和财务成本，降低项目生产成本
工种	涉及10多个工种，如瓦工、泥工、木工、油漆工等，易扯皮纠纷，推诿责任	只需安装工、电工
工期	耗时费力，以60 m²两居室为例，装修时间至少1个月	60 m²的两居室3个装修工人10 d交付，即装即住
原材	材料种类繁多，选购劳神费力，现场加工制作资源浪费，材料难以回收再利用	部品集成生产，施工生产误差小，节约原材，原材环保，性能优良，可以回收再利用，装修安全、耐久

1. 建筑装饰装修范围：顶棚、内外墙、柱面、地面、楼梯、门窗。

2. 建筑装饰施工的作用：保护建筑主体结构，提高建筑结构的耐久性；保证空间使用功能；优化环境，合理布局功能；美化建筑，提高艺术效果。

3. 国内装配式装修的发展意义：

(1)有利于提高建筑品质，促进可持续发展。

(2)有利于建立现代化理念，改变建筑行业生态。

(3)有利于缓解环境问题，促进建筑行业绿色发展。

4. 装配式装修优势：节约原材、节约工期、质量稳定、效率提高、绿色环保、维修便利、拆改灵活、过程透明、经济指标合理。

课后训练

判断题

1. 建筑装饰施工的作用：保护建筑主体结构；保证空间使用功能；优化环境，布局合理；美化建筑，提高艺术效果。   （　　）

2. 外墙装饰装修包括涂饰、贴面、挂贴饰面、镶嵌饰面、玻璃幕墙等。

（　　）

3. 特殊部位装饰装修主要包括特种门窗的安装、室内外柱、扶手、窗帘盒、暖气罩、筒子板、各种线角等。   （　　）

4. 天然石材的类型包含大理石、花岗石、水磨石等。   （　　）

5. 建筑装饰装修范围主要有顶棚、内外墙、柱面、地面、楼梯、门窗等。

（　　）

微课

施工技术全流程介绍

▷▷▷ 任务二　建筑装饰工程施工规范与质量检验

现行国家标准《住宅装饰装修工程施工规范》(GB 50327—2001)对住宅装饰装修工程施工的基本要求、材料和设备的基本要求、成品保护要求、防火安全和防水工程等都做出了明确的规定。特别是建设部通过第110号令颁布的《住宅室内装饰装修管理办法》于2002年5月1日起强制实施，对加强住宅室内装饰装修管理，保证装饰装修工程质量与安全，维护公共安全和公众利益，规范住宅室内装饰装修活动，并实施对住宅室内装饰装修活动的管理，具有十分重要的现实意义。

🔧 任务目标

1. 掌握建筑装饰装修相关规范；
2. 掌握建筑装饰工程施工要求；
3. 掌握建筑装饰工程质量检验与控制。

🔧 任务内容

1. 任务描述：查找资料，总结归纳建筑装饰装修工程的质量验收标准和规范。
2. 参考规范：《住宅装饰装修工程施工规范》《建筑装饰装修工程质量验收规范》《建筑内部装修设计防火规范》等施工规范、手册。

🔧 任务实施

一、建筑装饰装修相关规范

建筑装饰装修工程的质量验收标准和规范是建筑装饰装修工程施工技术上和法律上的指南。国家先后颁布了一系列的标准和规范，归纳起来有三类，见表1.5。

表 1.5　建筑装饰装修工程质量验收规范表

序号	规范系列	规范名称
1	直接大工程验收规范	《建筑装饰装修工程质量验收标准》(GB 50210—2018) 《住宅装饰装修工程施工规范》(GB 50327—2001)
2	专项的工程验收规范	《建筑内部装修设计防火规范》(GB 50222—2017) 《民用建筑电气设计标准》(GB 51348—2019)
3	环境保护方面的规范	《室内装饰装修材料　人造板及其制品中甲醛释放限量》(GB 18580—2017) 《木器涂料中有害物质限量》(GB 18581—2020) 《建筑用墙面涂料中有害物质限量》(GB 18582—2020) 《室内装饰装修材料　胶粘剂中有害物质限量》(GB 18583—2008) 《室内装饰装修材料　木家具中有害物质限量》(GB 18584—2001) 《室内装饰装修材料　聚氯乙烯卷材地板中有害物质限量》(GB 18586—2001) 《室内装饰装修材料　地毯、地毯衬垫及地毯胶粘剂有害物质释放限量》(GB 18587—2001) 《民用建筑工程室内环境污染控制标准》(GB 50325—2020)

二、建筑装饰工程施工要求

(一)施工设计要求

(1)建筑装饰装修工程必须进行设计，并出具完整的施工图设计文件。

（2）承担建筑装饰装修工程设计的单位应具备相应的资质，并应建立质量管理体系。设计原因造成的质量问题应由设计单位负责。

（3）建筑装饰装修设计应符合城市规划、消防、环保、节能等有关规定。

（4）承担建筑装饰装修工程设计的单位应对建筑物进行必要的了解和实地勘察，设计深度应满足施工要求，如图1.15所示。

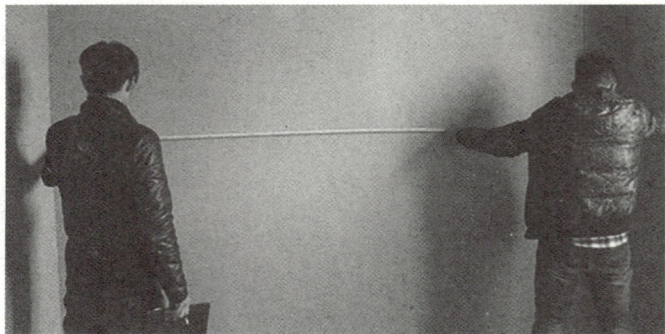

图1.15　房屋现场测量与勘察

（5）建筑装饰装修工程设计必须保证建筑物的结构安全和主要使用功能完好。当涉及主体和承重结构改动或增加荷载时，必须由原结构设计单位或具备相应资质的设计单位核查有关原始资料，对既有建筑结构的安全性进行核验、确认。

（6）建筑装饰装修工程的防火、防雷和抗震设计应符合现行国家标准的规定。

（7）当墙体或吊顶内的管线产生冰冻或结露时，应进行防冻或防结露设计。

（二）施工材料要求

（1）建筑装饰装修工程所用材料的品种、规格和质量应符合设计要求和国家现行标准的规定。严禁使用国家明令淘汰的材料。

（2）建筑装饰装修工程所用材料的燃烧性能应符合现行国家标准《建筑内部装修设计防火规范》(GB 50222—2017)和《建筑设计防火规范(2018年版)》(GB 50016—2014)的规定。

（3）建筑装饰装修工程所用材料应符合国家有关建筑装饰装修材料有害物质限量标准的规定。

（4）所有材料进场时应对品种、规格、外观和尺寸进行验收。材料包装应完好，应有产品合格证书、中文说明书及相关性能的检测报告；进口产品应按规定进行商品检验。

（5）进场后需要进行复验的材料种类及项目应符合相关规定。同一厂家生产的同一品种、同一类型的进场材料应至少抽取一组样品进行复验，当合同另有约定时应按合同执行。

（6）当国家规定或合同约定应对材料进行见证检测时，或对材料的质量发生争议时，应进行见证检测。

（7）承担建筑装饰装修材料检测的单位应具备相应的资质，并应建立质量管理体系。

（8）建筑装饰装修工程所使用的材料在运输、储存和施工过程中，必须采取有效措施防止损坏、变质和污染环境。

（9）建筑装饰装修工程所使用的材料应按设计要求进行防火、防腐和防虫处理（图1.16）。

图 1.16　木龙骨涂刷防火涂料

（10）现场配制的材料如砂浆、胶粘剂等，应按设计要求或产品说明书配制。

（三）施工工艺要求

（1）承担建筑装饰装修工程施工的单位应具备相应的资质，并应建立质量管理体系。施工单位应编制施工组织设计并应经过审查批准。施工单位应按有关的施工工艺标准或经审定的施工技术方案施工，并应对施工全过程实行质量控制。

（2）承担建筑装饰装修工程施工的人员应有相应岗位的资格证书。

（3）建筑装饰装修工程的施工质量应符合设计要求和《建筑装饰装修工程质量验收标准》（GB 50210—2018）的规定，违反设计文件和规范的规定施工造成的质量问题应由施工单位负责。

（4）在建筑装饰装修工程施工中，严禁违反设计文件擅自改动建筑主体、承重结构或主要使用功能；严禁未经设计确认和有关部门批准擅自拆改水、暖、电、燃气、通信等配套设施。

（5）施工单位应遵守有关环境保护的法律法规，并应采取有效措施控制施工现场的各种粉尘、废气、废弃物、噪声、振动等对周围环境造成的污染和危害。

（6）施工单位应遵守有关施工安全、劳动保护、防火和防毒的法律法规，应建立相应的管理制度，并应配备必要的设备、器具和标识。

（7）建筑装饰装修工程应在基体或基层的质量验收合格后施工。对既有建筑进行装饰装修前，应对基层进行处理并达到要求。

（8）建筑装饰装修工程施工前应有主要材料的样板或做样板间（件），并应经有关各方确认。

（9）墙面采用保温材料的建筑装饰装修工程，所用保温材料的类型、品种、规格及施工工艺应符合设计要求。

（10）管道、设备等的安装及调试应在建筑装饰装修工程施工前完成，当必须同步进行时，应在饰面层施工前完成。装饰装修工程不得影响管道、设备等的使用和维修。涉及燃气管道的建筑装饰装修工程必须符合有关安全管理的规定。

（11）建筑装饰装修工程施工过程中应做好半成品、成品的保护，防止污染和损坏。

（12）建筑装饰装修工程验收前应将施工现场清理干净。

三、建筑装饰工程质量检验与控制

（一）装饰工程质量检验

检查装饰工程质量的人员，应熟悉规范、规程，要具有一定的施工经验，且经质量检查的培训，能够按照标准的规定，评出正确的质量等级。检验方法主要是目测、手感、听声音、查资料和施行检测等。

1. 目测

如墙面是否平整、顶棚是否平顺、线条是否顺直、色泽是否均匀、图案是否清晰等，都靠人的视觉判定。为了确定装饰效果和缺陷的轻重程度，又规定了正视、斜视和不等距离的观察。

2. 触摸

如表面是否光滑、刷浆是否掉粉等，要用手摸检查；为了确定饰面或饰件安装或镶贴是否牢固，需要手扳或手摇检查。在检查过程中要注意成品的保护，手摸时要"轻摸"，防止因检查造成表面的污染和损坏。

3. 听声

为了判定装饰面层安装或镶贴得是否牢固，是否有脱层、空鼓等不牢固现象，需要用手敲或用小锤轻击，通过听声音来鉴别。在检查过程中应注意"轻敲"和"轻击"，防止成品表面出现麻坑、斑点等缺陷。

4. 查阅

装饰工程技术资料要比主体结构工程少一些。为了确保工程质量，必要时，要查对设计图纸、材料产品合格证、材料试验报告或测试记录等，借助有关技术资料，正确地评定工程质量等级。

5. 实测

装饰工程质量主要通过观察检查，有时只凭目测还不行，需要实测实量，将目测与实测结合起来，进行"双控"，这样评出的质量等级更为合理。

（二）建筑装饰工程质量控制

1. 搞好装饰工程质量的一般做法

装饰种类繁多，材料五花八门，每项装饰工程的质量控制的方法大致归纳为几大类，如抹灰类、喷涂类、裱糊类、粘贴类、挂（吊）类等。

（1）做好装饰设计，进行多方案比较，择优选用设计方案。通过实体工程的测量，将设计的要求与使用的装饰材料结合，有效、合理地布置在工程的立面和平面上。

（2）核对材料，量材使用，创造最佳效果。目前的建筑装饰材料质量不稳定，必须在进场后进行检查并按照质量标准进行对比，找出其特性，充分利用好的一面，以产生好的效果。如将一些颜色花纹不一致的大理石或花岗石，组合成一定的图案或形象等。

（3）摆砖放线，使设计落到实处。将设计的图案、做法、要求，合理地放到实体工程上，体现设计意图，使图纸变成实物。

（4）树立样板，做出示范。把规范、标准的要求实物化，为大面积施工确立质量标准，统一操作工艺，以便为用户做出承诺等。

（5）做好收尾清理和成品保护工作。这是工程完成的最后一道工序。工业产品讲究整理工序和包装，工程不能包装，但可以干干净净、完完整整地反映工程的本来面目。

（6）安排工艺程序，按科学规律办事，工序不要颠倒，尽量做得完善，保证工序质量在控制之内。

2. 装饰装修中应注意的问题

（1）结构安全问题。当对原有房屋进行装饰、装修，涉及拆改主体结构和明显加大荷载时，应向房屋所在地的房地产行政主管部门提出书面申请，得到批准后，由房屋安全鉴定单位对装饰装修方案的使用安全进行审定。装饰装修设计方案必须保证房屋的整体性、抗震性和结构的安全性。

（2）环境保护问题。建筑装饰施工企业必须采取措施，控制装饰施工现场的各种粉尘、废气、固体废弃物及噪声、振动对环境的污染和危害，保障人们的正常生活、工作和人身安全，并注意保护相邻建筑物的安全，装饰、装修损坏毗连房屋的，应负责修复或赔偿。

任务小结

1. 装饰工程质量检验方法主要是目测、手感、听声音、查资料和施行检测等。

2. 装饰装修中应注意的问题：结构安全问题、环境保护问题。

课后训练

判断题

1. 建筑装饰装修工程所用材料的品种、规格和质量应符合设计要求和国家现行标准的规定。严禁使用国家明令淘汰的材料。　　　　　　　　　　（　　）

2. 建筑装饰装修工程所用材料应符合国家有关建筑装饰装修材料有害物质限量标准的规定。　　　　　　　　　　　　　　　　　　　　　　（　　）

3. 所有材料进场时应对品种、规格、外观和尺寸进行验收。　　　　（　　）

4. 当国家规定或合同约定应对材料进行见证检测时，或对材料的质量发生争议时，应进行见证检测。 （ ）

5. 墙面采用保温材料的建筑装饰装修工程，所用保温材料的类型、品种、规格及施工工艺应符合设计要求。 （ ）

施工技术质量检验实训记录

工程名称:	建筑装饰施工技术基础	姓名:	
检验部位:		班级:	
工艺分类:		交底日期:	

检验内容：（根据项目情况，描述以下交底内容）

一、请简述建筑装饰施工的作用。

二、请简述建筑装饰施工的顺序。

三、请简述装饰工程质量检验的方法。

四、请简述装饰装修中应注意的问题。

教师评价	

项目二　改造工程施工技术

项目导学 >>>

　　在装修过程中，设计师为满足业主的需求，要对室内空间进行整体规划、格局划分，改造空间原有的布局，这就不可避免地对房屋结构进行拆改施工，从而提升居住者的生活品质，满足以人为本的要求。

　　本项目共分为四项任务：任务一为拆除工程施工，任务二为水路工程施工，任务三为电路工程施工，任务四为防水工程施工。

　　想一想

　　(1)非承重墙体拆除之前首先需要进行的准备工作有哪些？

　　(2)为什么铲墙皮？如何鉴别是否需要铲墙皮？

　　(3)给水排水改造施工所使用的施工工具有哪些？

　　(4)墙、地面涂抹防水施工的工艺流程是什么？

　　(5)电路敷设施工的注意事项有哪些？

>>> 任务一　拆除工程施工

　　拆除工程是装修中的第一步，可以让室内空间功能得到更加合理的利用，具体注意事项可归纳为：结构复杂，辨别需专业；图纸重要，需反复确认；基础结构，勿随意改变；墙体虚实，拆除需谨慎。

👤 任务目标

　　1. 能正确读识拆改工程施工图纸，进行拆改工程施工交底；

　　2. 掌握拆除工程的工艺流程和施工工艺；

　　3. 掌握拆除工程施工的质量验收标准；

　　4. 能够根据施工需求，正确选择施工工具并指导拆改工程施工。

👤 任务内容

　　1. 任务描述：某小区三室两厅户型住宅进入拆除工程施工阶段，请描述此项工程的施工工艺，正确选择施工工具，指导该工程施工，并根据施工质量验收标准完成该工程的验收。

　　2. 参考图纸：墙体局部拆除示意如图 2.1 所示。

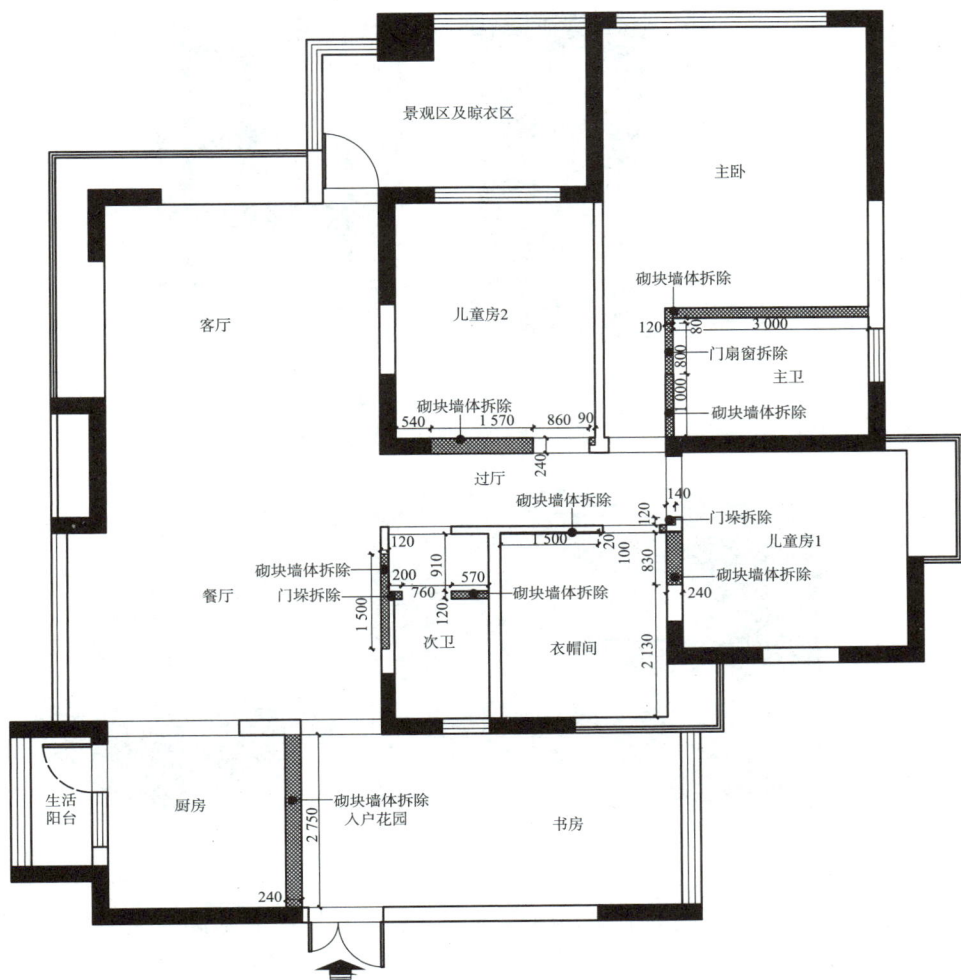

拆除墙体位置图

图例	说明
▨	砌块墙体拆除

图 2.1　墙体局部拆除示意

👷 任务实施

一、施工准备

1. 现场准备

（1）开工前在物业服务中心办理好开工手续，检查项目施工现场是否通水、通电。

（2）用公司专用保护膜（膜上印刷公司名称、电话等基本信息）保护施工工地上已有的门、窗等容易破损的构部件，如图 2.2 所示。

（3）施工前安装好管理人员和工人自用洗手盆和自用马桶（临时马桶），如图 2.3 所示。

（a）　　　　　　　　　　　　　　（b）

图 2.2　成品保护

（a）成品保护（防盗门）；（b）成品保护（窗户）

图 2.3　安装自带简易马桶

（4）洒水检查各房间的地漏，确认无堵塞后，封堵所有地漏，用专用盖子盖住下水管等管道口，如图 2.4 所示，以防施工过程中建筑垃圾或其他物体落入下水管，造成管道堵塞。

图 2.4　检查地漏、封堵下水管道

2. 施工机具准备

施工机具主要有砂轮锯、电锤、手锤、激光旋转水平仪、刨墙机、墙皮铲等（详见附件 1）。

二、工艺流程

以非承重墙体拆除为例：定位、放线→墙面切割→墙体拆除→垃圾清理。

三、施工工艺

1. 非承重墙体拆除

（1）定位、放线：设计师施工交底后，工人依据施工图纸在墙、地面弹线，标出需拆除的位置，如图2.5所示。

图2.5 标记墙体拆除位置

（2）墙面切割：用切割机按照墨线进行墙面切割，如图2.6所示。

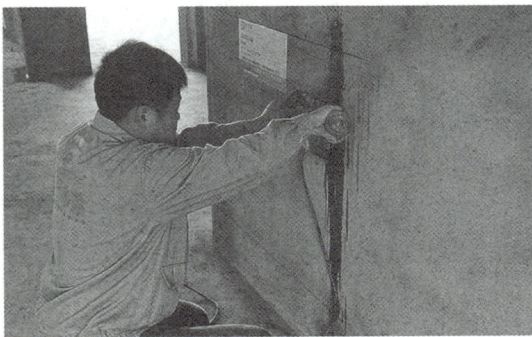

图2.6 用切割机进行墙面切割

（3）墙体拆除：使用手锤拆除切割完毕的非承重墙，遇混凝土结构非承重墙可用电锤先行打孔，然后使用手锤砸除即可，如图2.7所示。

（4）垃圾清理：拆除完毕，及时清理现场垃圾，为下一步施工做准备，如图2.8所示。

2. 铲墙皮

商品房在房屋交付前会对毛坯房墙面进行简单的乳胶漆装修，这层乳胶漆装修俗称墙皮。有乳胶漆装修的商品房空间效果明显比水泥墙面的毛坯房好（图2.9）。

在铲墙皮时，如使用电动刨墙机，可直接进行铲除，不仅效率高，而且产生灰尘较少（图2.10）；若人工进行铲墙皮，则工作强度较高，工人体力消耗大，会产生灰尘，施工时需佩戴防护用具。

（a）   （b）

图 2.7 墙体拆除

（a）使用电锤进行墙体拆除；（b）使用手锤进行墙体拆除

图 2.8 墙体拆除完毕

（a）   （b）

图 2.9 墙面有无乳胶漆对比

（a）毛坯房顶面涂刷有乳胶漆；（b）毛坯房顶面无乳胶漆

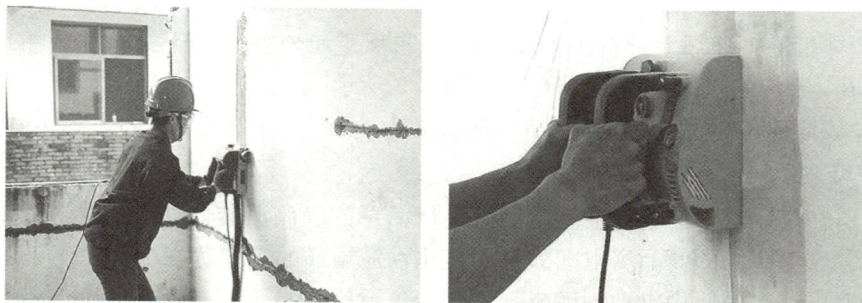

图 2.10 使用电动刨墙机铲墙皮

人工铲墙皮的主要步骤如下：

(1)把水浇到原墙上，用滚子蘸满水，在需要铲掉的地方不断地滚动，使墙面完全湿润透(图 2.11)。

(2)用墙皮铲铲掉墙面上滚湿的乳胶漆(图 2.12)。

图 2.11　工人向需要铲掉的墙面上喷水　　图 2.12　工人在铲除墙面乳胶漆

四、施工质量验收标准

(1)拆除墙砖时需要将原墙砖和粘结层与原结构墙整体分离，不能使原墙砖和粘结层未拆除干净。墙砖拆除时原墙面的阴阳角需要保证基本完整，不能用大锤野蛮施工，否则原有结构或二次结构破坏严重。

(2)拆除地砖时必须注意地下的预埋管，防止出现跑水、漏电等危险，拆除施工时动作幅度不能太大，不能使用重型工具进行地砖拆除，注意水管、电管、地暖管等。

(3)顶棚拆除时一定要注意安全，以手工拆除为主，禁止用大型工具野蛮拆除，应先进行局部拆除，了解需拆除顶面的具体状况，防止产生危险。

(4)拆除饰面板、墙裙、软包、门窗套时，不要破坏墙面和阴阳角及原有的门窗和结构。

(5)拆除地板革及原墙顶面腻子时，需要在保证施工人员安全的情况下开展拆除作业，在每天下班及拆除施工作业结束时，必须把施工现场及房间打扫干净，现场不得留有拆除颗粒、灰尘，及时将垃圾装袋，运至指定地点。

五、施工注意事项

(1)对于轻体砖或泡沫砖砌筑墙体，拆除门窗时需及时在洞口顶部做加固处理(如在洞孔顶部做混凝土过梁)。

(2)铲墙皮时，洒水湿润墙面不宜过多，否则容易造成地面积水。湿润墙面后，待腻子层润透后稍等 10 分钟左右再铲，以免铲下来的腻子太湿，不好清理。铲的时候不要用力太猛，要用巧劲，以免碰到不平处损坏工具。铲阳台时如遇到软的墙面，可以改用瓦工用的灰铲。拐角处往往腻子厚，水不容易浸透，需要多次湿润；对窗户和门做好防护，以便后期清理。

1. 非承重墙体拆除施工的工艺流程：定位、放线→墙面切割→墙体拆除→垃圾清理。
2. 描述拆除工程施工验收标准。

课后训练

判断题

1. 严禁拆除承重墙。   （   ）
2. 严禁拆除顶面横梁。   （   ）
3. 可以拆除连接阳台的配重墙体。   （   ）
4. 拆除墙体时要严格按照施工图纸作业。   （   ）
5. 室内设施拆除后要堆放整齐，拆除的建筑垃圾要整理装袋。   （   ）

微课

墙体拆除施工工艺

任务二　水路工程施工

装修大计，水电先行。水电部分的施工通常称为隐蔽工程，涉及安全问题和功能使用问题。水路改造的质量优劣，在一定程度上决定了用水的质量、卫生和健康，规范的施工和用材会提升日后的生活品质。水路施工分为两部分：一部分是给水管的连接、布管和隐埋；另一部分是排水管的连接、敷设。

任务目标

1. 能正确读识给水排水工程施工图纸，进行水路工程施工交底；
2. 掌握水路工程的工艺流程和施工工艺；
3. 掌握水路工程施工的质量验收标准；
4. 能在施工虚拟仿真软件中，根据施工需求正确选择施工工具，完成水路工程施工。

任务内容

1. 任务描述：某小区三室两厅户型住宅进入水路施工阶段，请描述此项工程的施工工艺，正确选择施工工具，指导该工程施工，并根据施工质量验收标准完成该工程的验收。

2. 参考图纸：水路布置示意如图 2.13 所示。卫生间给水排水工程墙面与顶面立面图如图 2.14 所示。

图 2.13 水路布置示意

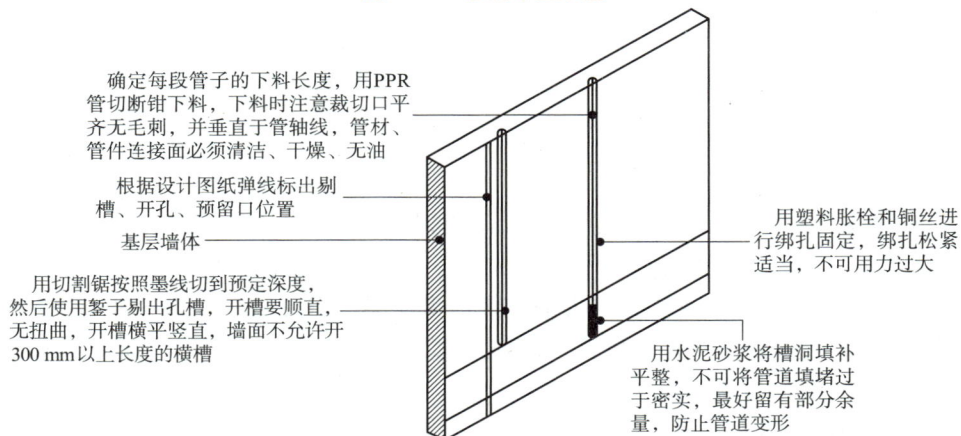

图 2.14 卫生间给水排水工程墙面与顶面立面图

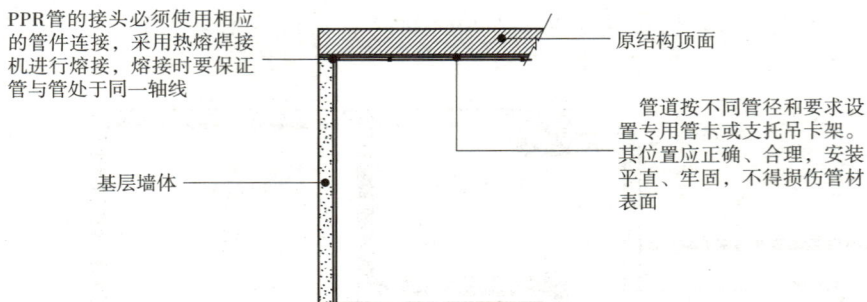

PPR管的接头必须使用相应的管件连接，采用热熔焊接机进行熔接，熔接时要保证管与管处于同一轴线

原结构顶面

基层墙体

管道按不同管径和要求设置专用管卡或支托吊卡架。其位置应正确、合理，安装平直、牢固，不得损伤管材表面

图 2.14　卫生间给水排水工程墙面与顶面立面图(续)

任务实施

一、施工准备

1. 现场准备

(1)施工现场拆除工作完成，垃圾清理干净。

(2)施工前，业主最好与装修公司签订正规合同，并在合同中标明改动责任、赔偿损失的责任及保修期限等。工程完工后，业主第一时间向施工方索取水路图，以便于中期的装饰及修理。

2. 施工机具准备(详见附件 1)

开槽机、冲击钻、热熔机、打压泵、切割机、激光水平仪、管子割刀、墨斗、扳手等。

3. 材料准备(详见附件 2)

(1)给水管：PPR 管、不锈钢管、铜管等。给水管配件：过桥弯、截止阀、45°弯头、等径直接、等径三通等。

(2)排水管：PVC 管等。排水管配件：P 形存水弯、45°弯头、等径三通等。

(3)水路器件：水表、阀门、增压泵、混水阀、软管等。

二、工艺流程

水路定位→材料进场→弹线→开槽→管路加工→铺管道→打压测试→封槽。

三、施工工艺

(1)水路定位：对照设计公司提供的水路布置图，与现场实际对比查看。从进户水管的位置开始，先定位厨房与卫生间冷热水管走向、热水器的位置，在墙面标出用水厨具及洁具(包括热水器、洗菜水槽、淋浴花洒、坐便器、浴缸及洗衣机等)的位置等，再查看阳台的排水立管及下水口的位置。计划出水管的走向(包括墙面、地面)，标出用水设备的尺寸、高度，如图 2.15 所示。

(2)材料进场：需要装修工人、业主及设计师同时在场，对材料的品牌、质量进行验收，保证全部合格达标，并对管材、电线等材料进行分类摆放。材料表面的保护膜应当保护好，避免管材、电线等受到损伤，如图 2.16 所示。

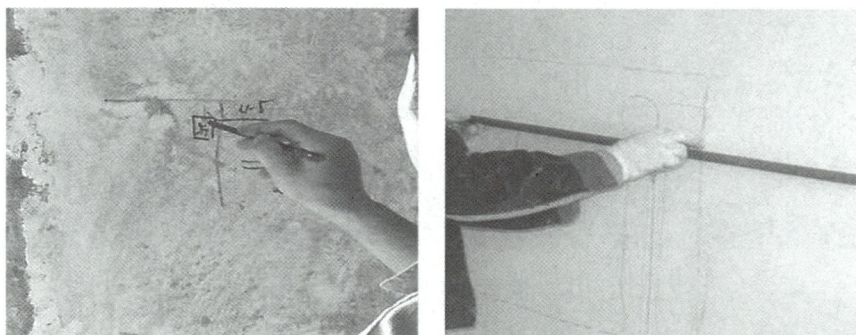

图 2.15　水路定位、标记施工位置

图 2.16　水电材料进场

（3）弹线：调整水平仪，弹水平线。墙面只能竖向或横向画线，墙面水管弹线画双线，冷、热水管画线需分开，如图 2.17 所示。地面画线需靠近墙边，线的宽度根据排布的水管数量决定，通常一根水管的画线宽度保持在 40 mm 左右，画线的宽度比管材直径大 10 mm，如图 2.18 所示。

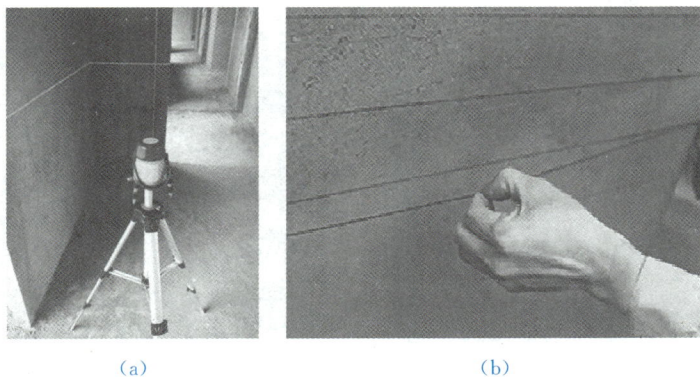

（a）　　　　　　　　　　　（b）

图 2.17　墙面弹线

（a）调整水平仪；（b）墙面弹线

（4）开槽：要求横平竖直，尽量竖开，减少横开。开槽宽度在 40 mm 左右，深度为 20～25 mm，冷、热水管开槽间距在 200 mm 左右，不能垂直相交，不能铺设在电线管道的上面，如图 2.19 所示。

图 2.18　地面弹线

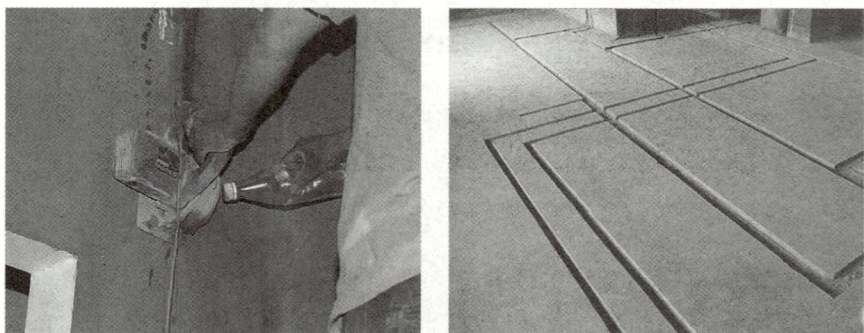

（a）　　　　　　　　　　　　　（b）

图 2.19　开槽

（a）墙面开槽施工；（b）地面开槽施工完成

（5）管路加工：管路加工包括 PPR 给水管和 PVC 排水管，其中 PPR 给水管由热熔连接完成，而 PVC 排水管则由切割加胶水粘接完成，如图 2.20 所示。

（6）铺管道：铺装管道时，按照管道的走向将管路连接，管道用管夹固定，避免晃动、移位，如图 2.21 所示。

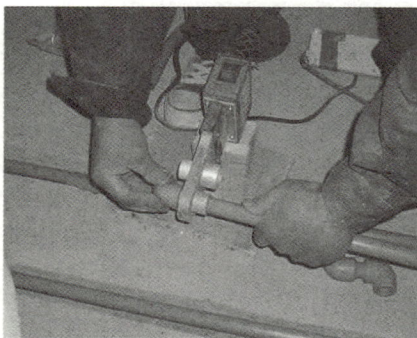

图 2.20　管道加工

图 2.21　管道敷设

（7）打压测试：用堵头封住水管，关闭进水总管的阀门，用打压泵缓慢注水，将管内空气从末端排出，再进行打压试验。压力表定标为 1.0 MPa，稳压 1 h 后，压力下降不得大于 0.03 MPa，同时检查给水管及各连接点是否有渗漏现象，打压泵在规定的时间内，压力表指针没有丝毫下降，或下降幅度保持在 0.1 MPa 以内，说明测压成功，填写隐蔽验收单，如图 2.22 所示。

（8）封槽：封槽所用的水泥、砂浆要保持 1∶2 的比例，均匀填满水管凹槽，高度与墙地面持平，不可凸起，不可凹陷，如图 2.23 所示。

图 2.22　打压试验　　　　　　　图 2.23　封槽

四、施工质量验收标准

（1）检查材料是否符合卫生标准、设计要求、行业规范等，型号、品牌是否与合同相符。

（2）槽路横平竖直，管道铺设整齐，定位及线路的走向符合图纸和规范要求，无遗漏项目。

（3）管道连接件牢固紧密、平直，无渗水滴漏现象，阀门、配件安装正确、牢固。

（4）外露排水管的铺设也应牢固、平直、美观、合理、无漏水现象。

（5）水出口与排水管承口的连接严密不漏，进行打压试验，主要检测管路有无渗水情况，如有泄压，先检查阀门，若阀门没有问题再查看管道。

（6）检查二次防水的涂刷是否符合要求，装有地漏的房间坡度是否合格。做闭水试验后，检查防水处理是否到位，有无渗水。先进行自检，后通知客户，公司质检验收并签字认可。

填写表 2.1"水路隐蔽工程验收单"。

表 2.1　水路隐蔽工程验收单

水路隐蔽工程施工验收记录单		
工程地址：_____小区___栋___单元_____室	填表日期：_____年___月___日	
施工项目及验收要求	验收结果	备注
1. PP-R 管品牌和管径尺寸规格符合设计要求	合格□　不合格□	
2. 管道横平竖直，布置合理，熔焊接工艺施工	合格□　不合格□	
3. 给水预留接口正确，管口用堵头封闭	合格□　不合格□	
4. 给水管用管卡、勾钉固定牢固	合格□　不合格□	
5. 冷热水管位置正确，左热右冷，上热下冷	合格□　不合格□	
6. 接头无渗漏现象，管道试压合格	合格□　不合格□	

水路隐蔽工程施工验收记录单		
工程地址：_____小区___栋___单元_____室	填表日期：_____年___月___日	
施工项目及验收要求	验收结果	备注
7. PVC管质量、管径尺寸规格符合设计要求	合格□ 不合格□	
8. 排水管道布置合理，粘结工艺施工	合格□ 不合格□	
9. 排水预留口位置正确，管口临时封闭	合格□ 不合格□	
10. 移位安装位置正确	合格□ 不合格□	
11. 排水坡度方向正确，坡度为 0.5%～1%	合格□ 不合格□	
12. 排水管通水实验排水畅通，无堵塞现象	合格□ 不合格□	
13. 排水管用水泥砂浆固定牢固	合格□ 不合格□	
注：给水管道布管完毕后，必须进行水压试验，排水管布管施工完毕后必须进行通水实验，保证排水通畅		
水路隐蔽工程验收签字确认记录		
水路隐蔽工程验收质量合格，可封闭线路进行下道工序施工	客　户	
水路隐蔽工程验收质量合格，可封闭线路进行下道工序施工	项目经理	
水路隐蔽工程验收质量合格，可封闭线路进行下道工序施工	监　理	
验收内容：请逐项进行验收并在验收合格项目处打"√"确认		

五、施工注意事项

（1）开槽不宜过深或过宽，混凝土楼板、墙等均不得擅自切断钢筋。水管开槽的标准宽度是 40 mm，标准深度为 20～25 mm。开槽深度要做到管材直径的 1.5 倍左右。

（2）PPR 管具有低温冷脆性，施工温度应不低于 10 ℃，冬期施工时需采取防冻措施。严禁 PPR 管与其他管材混接，与不同品牌的 PPR 管或管件混用。

（3）冷、热给水管需有防凝结露或保温措施。

（4）冷热水管在开槽时，要单独开槽，分别敷设，冷、热水管之间至少需保持 150 mm 以上的距离。原则上不可以交叉敷设冷热水管，若短距离的相交则必须使用过桥，保证热水管在上，冷水管在下。

（5）管道敷设应横平竖直，管卡位置及管道坡度均应符合规范要求。各类阀门安装应位置正确且平正，以便于使用和维修，并做到整齐美观。

（6）给水管在地面敷设中，必须保证横平竖直，排水管则可根据排水端口选择斜向的直接敷设。敷设在地面的中间位置，而且要集中敷设，不可分散。

任务小结

1. 水路工程施工的工艺流程：水路定位→材料进场→画线→开槽→管路加工→铺管道→打压测试→封槽。

2. 管道的敷设要按照横平竖直、上热下冷、左热右冷的原理进行敷设，不可直接在承重墙墙体上打孔预埋管道。

判断题

1. 承重墙钢筋较多较粗，可用切割机按线路割开槽面，把钢筋切断后直接开槽。 （　　）

2. 冷、热水管道的安装遵循"上热下冷，左热右冷"的规则。 （　　）

3. 冷、热水管敷设时可紧靠一起，避免浪费。 （　　）

4. 管道及管道支座铺设必须牢固。 （　　）

5. 水管接头紧密、平直，无漏水及滴漏现象。 （　　）

微课

水路施工工艺

任务三　电路工程施工

电是我们日常家居的重要能源之一，电路改造是家庭装修中照明设备、开关、插座等强电线路的改动，以及电视线、网线等弱电线路的布线。通过改动隐埋在墙体中的线路，将其牵引、布置到合理的位置。做好家居电路工程施工，对技术人员的能力要求比较高，既要懂导线的接线方式，又要了解不同导线适合的布局位置及职业规范要求。

任务目标

1. 能正确读识电路工程施工图纸，进行电路工程施工交底；
2. 掌握电路工程的工艺流程和施工工艺；
3. 掌握电路工程施工的质量验收标准；
4. 能够在施工虚拟仿真软件中，根据施工需求正确选择施工工具，完成电路工程施工。

任务内容

1. 任务描述：某小区三室两厅户型住宅进入电路施工阶段，请描述此项工程的施工工艺，正确选择施工工具，指导该工程施工，并根据施工质量验收标准完成该工程的验收。

2. 参考图纸：开关布置图，如图2.24所示；插座布置图，如图2.25所示。

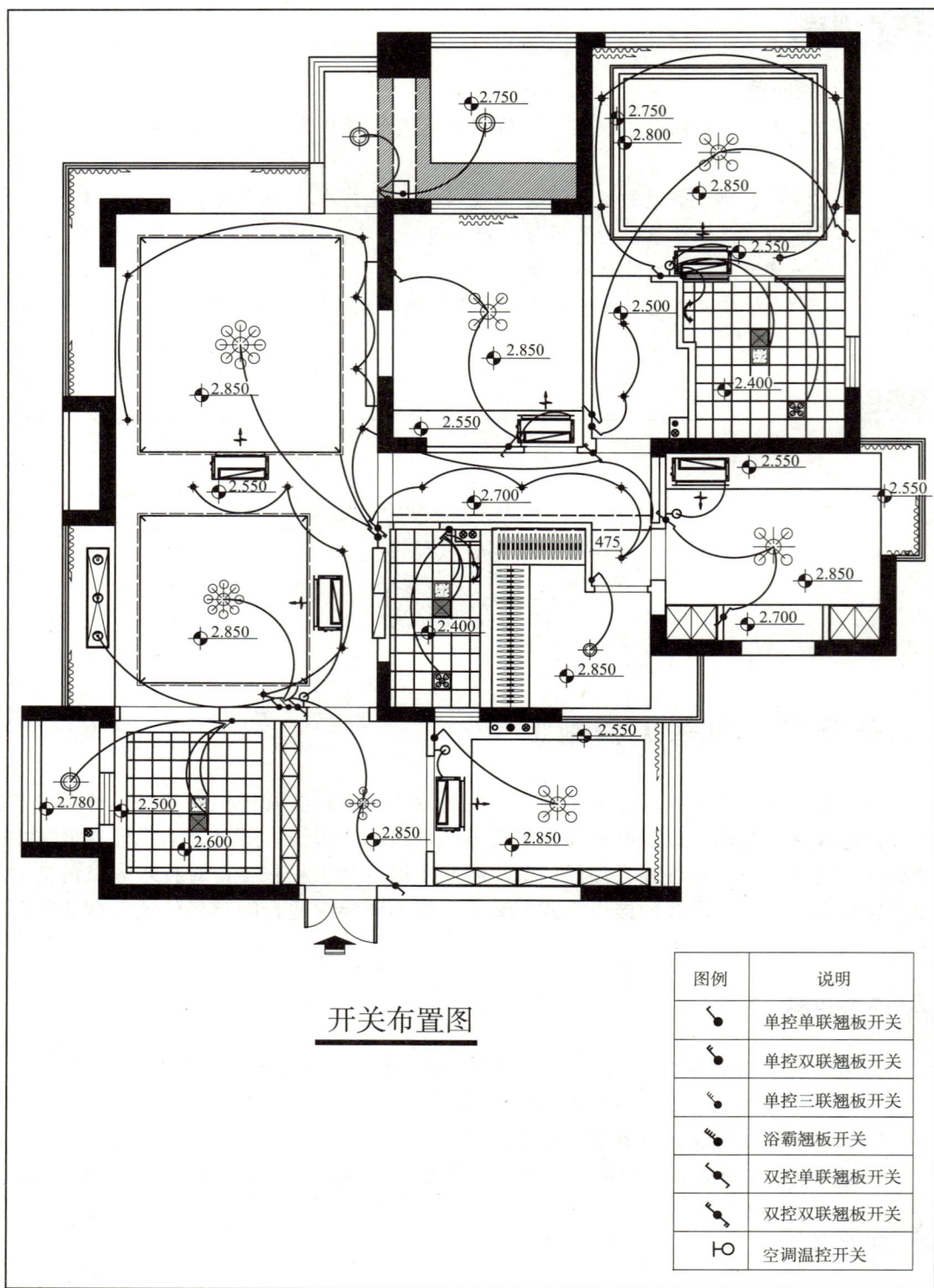

开关布置图

图例	说明
	单控单联翘板开关
	单控双联翘板开关
	单控三联翘板开关
	浴霸翘板开关
	双控单联翘板开关
	双控双联翘板开关
⊢O	空调温控开关

图 2.24 开关布置图

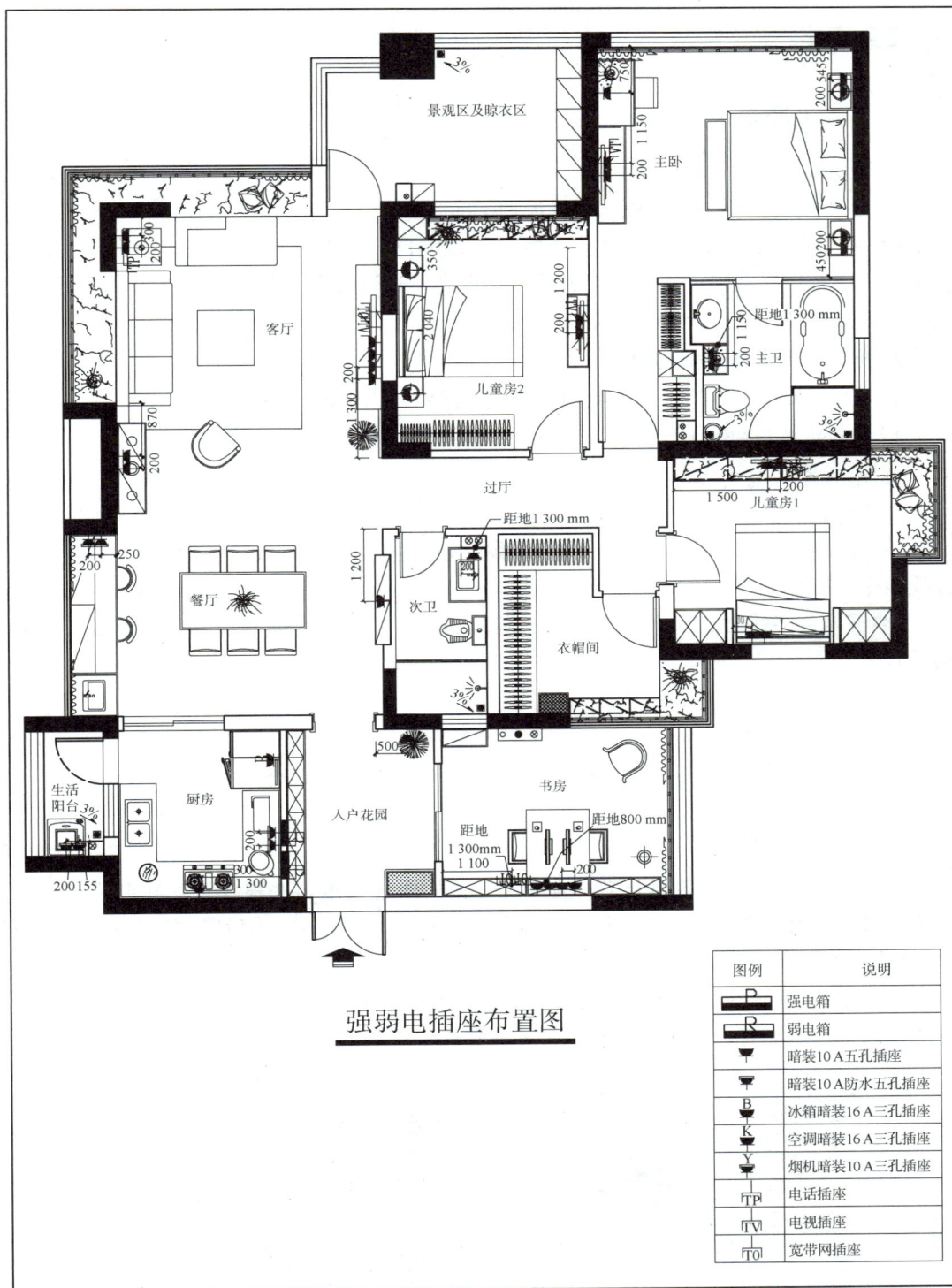

景观区及晾衣区

主卧

客厅

儿童房2

主卫

过厅

儿童房1

距地1 300 mm

次卫

衣帽间

餐厅

生活
阳台

厨房

入户花园

书房

距地
1 300mm
1 100

距地800mm

强弱电插座布置图

图例	说明
P	强电箱
R	弱电箱
	暗装10 A五孔插座
	暗装10 A防水五孔插座
B	冰箱暗装16 A三孔插座
K	空调暗装16 A三孔插座
Y	烟机暗装10 A三孔插座
TP	电话插座
TV	电视插座
TO	宽带网插座

图 2.25　插座布置图

任务实施

一、施工准备

1. 现场准备

(1)施工现场拆除工作完成，垃圾清理干净。

(2)施工前，业主最好与装修公司签订正规合同，并在合同中标明改动责任、赔偿损失的责任及保修期限等。工程完工后，业主第一时间向施工方索取电路图，以便于中期的装饰及修理。

2. 施工机具准备(详见附件1)

数字万用表、测电笔、多功能剥线钳、网线钳、水平尺、弹簧弯管器等。

3. 材料准备(详见附件2)

(1)电线类：电线(常用规格：2.5平方①、4平方、6平方、10平方)、网线、电话线、单芯电线。

(2)开关插座类：单开双控、单开单控、双开单控、双开双控等开关；空调插座、五孔插座、四孔插座等。

(3)辅材：穿线管、入盒接头锁扣、暗装底盒、接线盒、防水胶布、断路器、三角阀、管卡等。

二、工艺流程

电路定位→弹线→线路开槽→布管→穿线→电路检测→封槽。

三、施工工艺

(1)电路定位：熟知各种电器、插座及开关的常规高度，并根据现场实际需求综合定位。对强电箱、开关、插座或网线等端口做定位标记时，需用记号笔在墙面标记出形状，如图2.26所示。

(2)弹线：弹线的线路走向应避开重点施工区域；墙面中的弹线应多弹竖线，少弹横线，保持线路平直，不可走斜线，尽量不要有交叉，如图2.27所示。

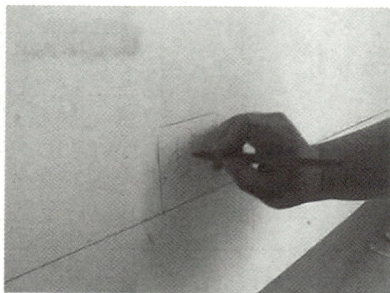

图2.26　电路定位

图2.27　地面弹线

---

① 2.5平方代表电线横截面面积为 2.5 mm^2。

（3）线路开槽：开槽线路应避开承重墙和内部含有钢筋的墙体，开槽需严格按照画线标记进行，地面开槽的深度不可超过 50 mm；墙面开槽时，强电和弱电需要分开，并且保持至少 150 mm 的距离；顶面开槽应避开横梁，不可在横梁上打洞，如图 2.28 所示。

（4）布管：布管排列要横平竖直，多管并列敷设的明管，管与管之间不得出现间隙，弱电与强电相交时，强电在上，弱电在下，需包裹锡箔纸隔开，以起到防干扰效果。原则是灯具一类的电线走顶面，电视线、插座一类的电线走地面；整体的布管分布应当是顶面多，其次是墙面，最后是地面，如图 2.29 所示。

图 2.28　线路开槽

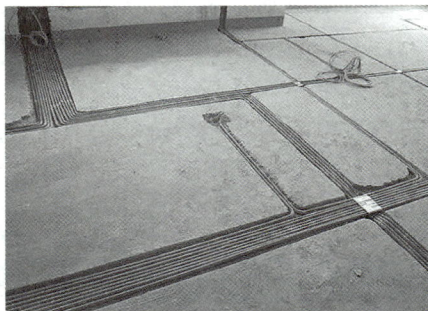

图 2.29　布管

（5）穿线：按照标准，电线颜色应选择正确。一般红色、绿色为火线色标，蓝色为零线色标，黄色或黄绿双色线为接地线色标。同一回路电线需要穿入同一根线管，电线总截面面积（包括外皮）不应超过管内截面面积的 40%；空调、浴霸、电热水器、冰箱的线路需从强电箱中单独引至安装位置；所有导线安装必须穿入相应的 PVC 管，且在管内的线不能有接头，如图 2.30 所示。

（6）电路检测：电路检测包括三方面：一是用试电笔测试每一处接头、插座是否正常；二是拉闸测试断电，看是否能完全关闭室内的电源；三是看电表通电是否正常（图 2.31）。

图 2.30　暗盒穿线

图 2.31　电路检测

四、施工质量验收标准

1. 开工之前的电路验收

（1）拉下室内的总闸、分闸，看是否能够完全地控制室内供电。

（2）打开所有灯的开关，看是否能全部点亮。

（3）试一下所有的插座，查看是否通电。

（4）查看电表是否通电，运行是否正常。

2. 电路施工过程中的验收

（1）检查材料是否符合标准和使用要求，型号、品牌是否与合同相符。

（2）检查定位及线路的走向是否符合图纸设计，有无遗漏项目。

（3）检查槽路是否横平竖直、槽路底层是否平整无棱角。

（4）检查电路管道的敷设是否符合规范要求，包括强电管路和弱电管路。

（5）查看电线穿管情况，中间是否无接头，盒内预留的数量、长度是否达标等，与水路相近的电路、槽路是否做了防水、防潮处理。

（6）检查电箱和暗盒的安装是否平直，误差是否符合要求，埋设是否牢固。

（7）检查电线与其他线路的距离是否达到要求数值。

填写表 2.2"电路隐蔽工程验收单"。

表 2.2　电路隐蔽工程验收单

电路隐蔽工程施工验收记录单		
工程地址：_____小区____栋____单元_____室　　填表日期：_____年____月____日		
施工项目及验收要求	验收结果	备注
1. 电线品牌和导线截面规格符合设计要求	合格□　不合格□	
2. 线路布置合理，使用 PVC 穿管，管套连接	合格□　不合格□	
3. 梁、柱及转角处使用黄蜡管或波纹管穿管处理	合格□　不合格□	
4. 线槽横平竖直	合格□　不合格□	
5. 所有线路中间无接头	合格□　不合格□	
6. 大功率电器布置用线，配专用插座	合格□　不合格□	
7. 电源线与信号线不能同管敷设	合格□　不合格□	
8. 地线与零线、火线要分色	合格□　不合格□	
9. 开关底盒高度 1.25 m，位置正确，在同一水平线上	合格□　不合格□	
10. 插座底盒高度 0.35 m，位置正确，在同一水平线上	合格□　不合格□	
11. 底盒线头预留 200 mm 左右	合格□　不合格□	
12. 地面穿管先固定再用水泥砂浆或石膏封平	合格□　不合格□	
13. 回路设置合理，空气开关负荷配置合理	合格□　不合格□	
14. 配电箱内配有主空气开关和漏电保护器	合格□　不合格□	
注明：电路穿管布线完毕，经过隐蔽工程验收合格后，木工工程才能进行		
电路隐蔽工程验收签字确认记录		
电路隐蔽工程验收质量合格，可封闭线路进行下道工序施工	客　　户	
电路隐蔽工程验收质量合格，可封闭线路进行下道工序施工	项目经理	
电路隐蔽工程验收质量合格，可封闭线路进行下道工序施工	监　　理	
验收内容：请逐项进行验收并在验收合格项目处打"√"确认		

五、施工注意事项

(1)剔槽不得过深或过宽，混凝土楼板、混凝土墙等均不得擅自切断钢筋。

(2)穿过建筑物和设备处加保护套管，穿过变形缝处应有补偿装置，补偿装置应平整、活动自如且管口光滑。

(3)顶面无吊顶时，开槽不宜过深，长度不大于1 500 mm。开槽时不要与承重墙平行，两点间呈弧形开槽。

(4)对于墙面的壁灯及预留线，应把管规弯至与墙面45°左右，与墙面垂直锯断（或放接线盒），管口以与墙面平齐为宜，不允许凸出墙面。

(5)在墙面埋设暗盒，电源插座底边距地宜为300 mm，开关面板底边距地宜为1 400 mm，在同一墙面上保持同一水平，同一房间内允许偏差不大于5 mm。

(6)电源线及插座与电视线及插座的水平间距应不小于500 mm。

(7)接线盒埋入位置要适当，深度超过15 mm时，或者遇到护墙板等位置变深时应加装套盒。

(8)配电箱应根据室内用电设备的不同功率分别配线供电，大功率用电设备应独立配线安装插座。

(9)线路改造完还未安装插座、开关面板等，施工现场不允许有裸露的线头，所有线头必须用绝缘胶带包扎或将接线端子封闭。

(10)集中空调、智能控制等用电设施施工时，严格按厂家要求埋设电管、电线至预留位置。

任务小结

1.电路工程施工的工艺流程：电路定位→弹线→线路开槽→布管→穿线→电路检测→封槽。

2.电路施工完毕后需进行检测，可用试电笔测试每一处接头、插座是否正常；也可拉闸测试断电，看是否能完全关闭室内的电源；还可以查看电表通电是否正常。

课后训练

判断题

1.线路开槽时，墙内若有钢筋可把其切断，顶面开槽可在横梁上打洞。

（　　）

2.墙面开槽时，强电和弱电需分开，并且保持至少50 mm的距离。（　　）

3.对于卧室内的开关定位，床头一侧需定位双控开关。（　　）

4. 布管时，若弱电与强电相交，需包裹锡箔纸隔开，以起到防干扰效果。

5. 电箱和暗盒的安装要平直，埋设要牢固。（　　）

微课

电路工程施工

电路施工工艺　　　电路施工布管工艺　　　电路施工工艺验收

任务四　防水工程施工

防水工程的质量，三分靠材料七分靠施工。室内空间狭小、管道多，不方便维修，一般选择环保的水性防水涂料。选购涂料时，应根据不同部位选用防水材料，做到"材尽其能、物尽其用"，才能起到更佳的防水效果。

任务目标

1. 掌握墙面、地面涂膜防水工程的工艺流程和施工工艺；
2. 掌握墙面、地面涂膜防水工程施工的质量验收标准；
3. 能够在施工虚拟仿真软件中，根据施工需求正确选择施工工具，完成墙面、地面涂膜防水工程施工。

任务内容

1. 任务描述：某小区三室两厅户型住宅进入防水施工阶段，请描述此项工程的施工工艺，正确选择施工工具，指导该工程施工，并根据施工质量验收标准完成该工程的验收。
2. 参考图纸：墙面涂膜防水施工图，如图2.32所示；卫生间墙地面防水施工节点图，如图2.33所示。

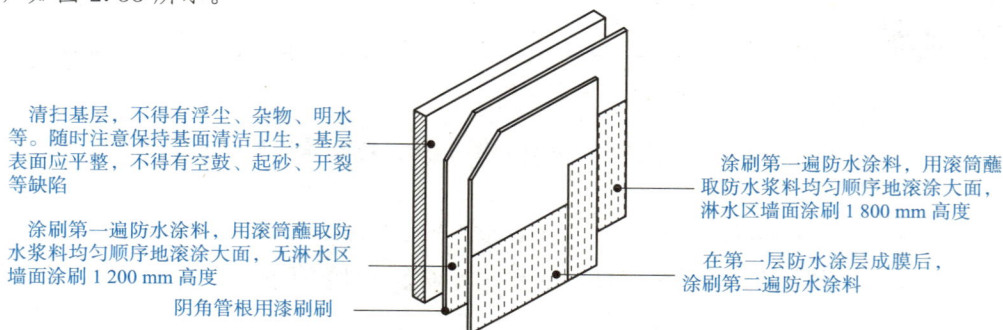

清扫基层，不得有浮尘、杂物、明水等。随时注意保持基面清洁卫生，基层表面应平整，不得有空鼓、起砂、开裂等缺陷

涂刷第一遍防水涂料，用滚筒蘸取防水浆料均匀顺序地滚涂大面，无淋水区墙面涂刷1 200 mm高度

阴角管根用漆刷刷

涂刷第一遍防水涂料，用滚筒蘸取防水浆料均匀顺序地滚涂大面，淋水区墙面涂刷1 800 mm高度

在第一层防水涂层成膜后，涂刷第二遍防水涂料

图2.32　墙面涂膜防水施工图

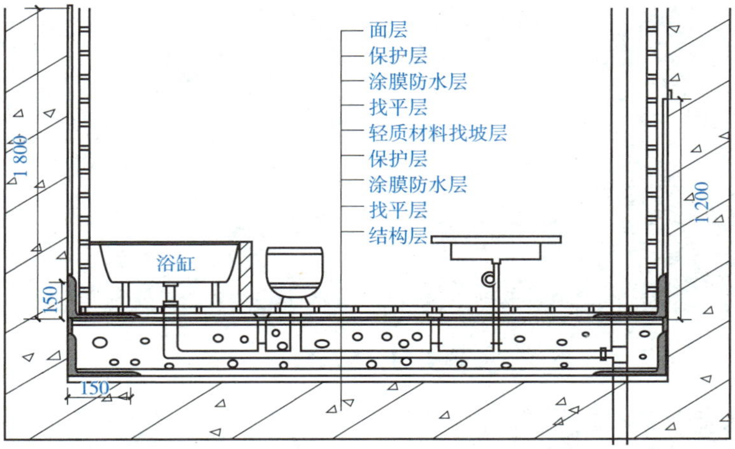

图 2.33 卫生间墙地面防水施工节点图

（图中标注）面层、保护层、涂膜防水层、找平层、轻质材料找坡层、保护层、涂膜防水层、找平层、结构层、浴缸

任务实施

一、施工准备

1. 现场准备

（1）墙面、地面的水泥砂浆找平施工完毕，且经过验收。

（2）墙面、地面表面清洁、干净、无积水。

2. 施工机具准备（详见附件1）

搅拌工具：电动搅拌器、拌料桶、灰槽、水桶；手动工具：滚刷、毛刷、壁纸刀、剪刀、刮板、小塑料桶。

3. 材料准备（详见附件2）

聚氨酯防水涂料、丙烯酸酯防水涂料、JS防水涂料、K11防水涂料。

二、工艺流程

找平层施工→基层清理→制备防水浆料→涂刷防水涂料→封闭、养护→闭水试验。

三、施工工艺

（1）找平层施工：基面有空隙、裂缝、不平等缺陷的，用水泥砂浆修补抹平。基面必须坚固、平整、干净，无灰尘、油腻、蜡、脱模剂等及其他碎屑物质，如图2.34所示。

（2）基层清理：基面层不得有浮尘、杂物，施工前可以用水湿润表面，但不能留有明水，使基层质量达到涂膜施工的要求，如图2.35所示。

（3）制备防水涂料：按包装说明量取柔性防水粉剂及相应分量的清水，先将清水倒入搅拌桶，然后慢慢倒入粉料，边倒边用电动搅拌器顺时针进行搅拌，粉料倒完后用搅拌器上下移动进行搅拌 3～5 min，搅拌至均匀无颗粒即可使用，如图2.36所示。

图 2.34 基层修补

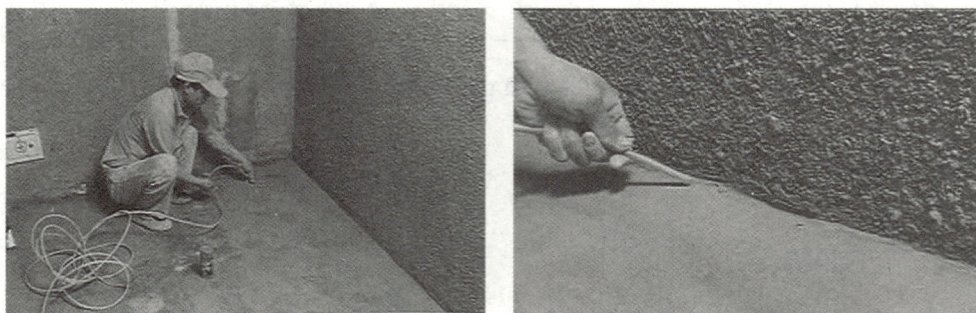

图 2.35 清理浮尘

图 2.36 制备防水涂料

(4)涂刷防水涂料:采取"先高后低、先远后近、先立面后平面"的施工顺序。从墙面开始涂刷,然后涂刷地面。涂刷应均匀,不可漏刷。对转角处、管道变形部位应加强防水涂层处理,杜绝漏水隐患。涂刷完成后,表面应平整无明显颗粒,阴阳角保证平直。

1)先对墙面均匀涂刷防水浆料一遍,使其与地面完整粘结,涂膜厚度在 1 mm 以下。待第一层防水浆料表面干燥后(手摸不粘手约 2 h 后),用同样方法按十字交错方向涂刷第二遍,至少涂刷 2 遍,对于防水要求高的可涂刷 3 遍(防水涂膜厚度为 1.2～2 mm),如图 2.37 所示。

2)涂刷的高度越大越好,但有淋浴喷头的墙面涂刷高度不小于 1.8 m,有浴室柜的位置涂刷高度不小于 1.2 m,其他墙面涂刷高度不小于 0.3 m,如图 2.37 所示。

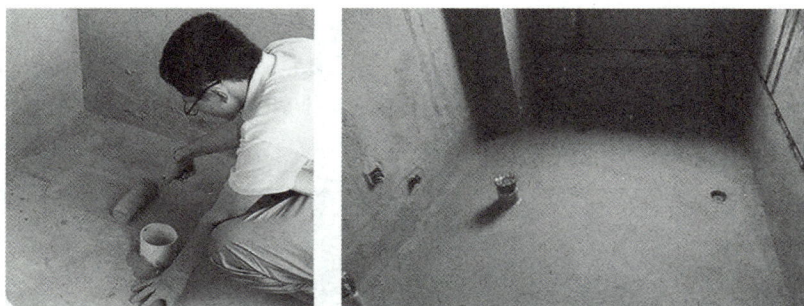

图 2.37 在墙地面涂刷防水涂料

（5）封闭、养护：施工 24 h 后建议用湿布覆盖涂层或喷雾洒水对涂层进行养护。完全干固前需采取禁止踩踏、雨水、暴晒、尖锐损伤等保护措施。等待防水涂料的涂层"终凝"（完全凝固）后才能进行闭水试验（一般 48 h 后即可）。

（6）闭水试验。

1）封堵地漏、面盆、坐便器等排水管管口。封堵材料最好选用专业保护盖，没有的情况下可选择废弃的塑料袋封堵，如图 2.38 所示。

2）在门口砌筑挡水条。在房间门口用黄泥土、低等级水泥砂浆等材料做一个 20～25 cm 高的挡水条，也可以采用砖封堵门口，水泥砂浆则需采用低强度等级的，如图 2.39 所示。

图 2.38 用专业保护盖封堵管道口

图 2.39 在卫生间门口砌筑挡水条

3）开始蓄水，蓄水深度保持在 5～20 cm，并做好水位标记。蓄水时间需保持 24～48 h，这是保证卫生间防水工程质量的关键，如图 2.40 所示。

图 2.40 蓄水检查防水质量

4) 渗水检查，第一天闭水后，检查墙体与地面。观察墙体，看水位线是否有明显下降，仔细检查四周墙面和地面有无渗漏现象。第二天闭水完毕，全面检查楼下顶棚和屋顶管道周边。从楼下检查时，应先联系楼下业主，防止检查时无法进入房屋。图 2.41 所示为出现渗水，防水失败的情况。

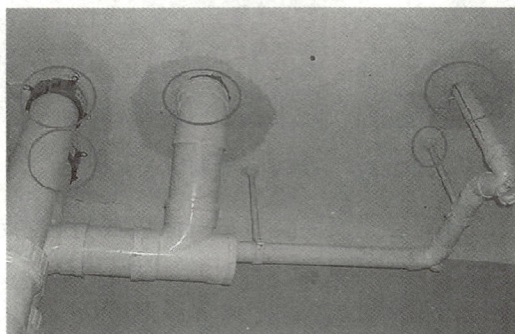

图 2.41　出现渗水，防水失败的情况

四、施工质量验收标准

涂膜防水层与基层粘结牢固，收边密封严实，无损伤、空鼓等现象，涂膜厚度均匀一致，闭水试验无渗漏为合格。

填写表 2.3"防水隐蔽工程验收单"。

表 2.3　防水隐蔽工程验收单

防水隐蔽工程施工验收记录单		
工程地址：_____小区____栋____单元_____室　　　　填表日期：_____年___月___日		
施工项目及验收要求	验收结果	备注
1.防水材料是符合设计要求	合格□　不合格□	
2.防水基层表面平整、无松动、空鼓、起砂、开裂	合格□　不合格□	
3.防水涂料应涂满、无漏刷、气泡、裂纹、脱层	合格□　不合格□	
4.地面防水层延伸到墙面 300 mm，淋浴区墙面 1 800 mm	合格□　不合格□	
5.涂料防水层预埋件、孔洞部位交接处严密，粘结牢固	合格□　不合格□	
6.地漏、套管、卫生洁具根部、阴阳角、墙地面开槽等部位，已做防水附加层	合格□　不合格□	
7.闭水试验水层高度不低于 2 cm，蓄水时间不低于 48 h	合格□　不合格□	
8.已检查楼下住房相应顶面，未发现渗漏	合格□　不合格□	
注明：防水闭水试验完毕，经过隐蔽工程验收合格后，泥工工程才能进行		
防水隐蔽工程验收签字确认记录		
防水闭水试验合格，同意进行下一道工序	客　　户	
防水闭水试验合格，同意进行下一道工序	项目经理	
防水闭水试验合格，同意进行下一道工序	监　　理	
验收内容：请逐项进行验收并在验收合格项目处打"√"确认		

五、施工注意事项

（1）防水层应从地面延伸到墙面，贴砖部位均需要满刷防水。

（2）涂膜表面不起泡、不流淌、平整无凹凸，与管件、洁具地脚、地漏、排水口接缝严密，收头圆滑、不渗漏。

（3）保护层水泥砂浆厚度、强度必须符合设计要求，操作时严禁破坏防水层。根据设计要求做好地面泛水坡度，排水要畅通，不得有积水、倒坡现象。

（4）防水水泥砂浆找平层与基础结合密实，无空鼓，表面平整光洁，无裂缝、麻面、起砂，阴阳角做成圆弧形。

（5）先进行墙面防水层施工，再进行地面防水层施工；墙面无防水层施工项目时，地面防水层应在墙根部位上翻 300 mm 高度。

任务小结

1. 防水工程施工的工艺流程：找平层施工→基层清理→制备防水浆料→涂刷防水涂料→封闭及养护→闭水试验。

2. 住宅空间中需要做防水施工的空间分别是厨房空间、主卫空间、客卫空间和阳台空间。

课后训练

判断题

1. 室内防水选材，一般选择环保的水性防水涂料。防水涂料有刚性和柔性之分，刚性的防潮效果好，柔性的防水效果好。　　　　　　　　（　　）

2. 室内防水施工时，首先要将管口用美纹胶带封住，防止灰尘落入。

　　　　　　　　　　　　　　　　　　　　　　　　　　　　（　　）

3. 墙面涂刷防水涂料时，涂刷高度一般为 300 mm 即可。　　（　　）

4. 闭水试验水层高度不小于 2 cm，蓄水时间不短于 48 h。　（　　）

5. 在最后一遍防水层干固后，即可进行闭水试验，无渗漏为合格。（　　）

微课

防水施工工艺

施工技术交底实训记录

工程名称：	改造工程施工技术	姓名：	
交底部位：	卫生间墙面	班级：	
工艺分类：	卫生间墙面涂膜防水施工	交底日期：	

工艺流程：

施工CAD节点图 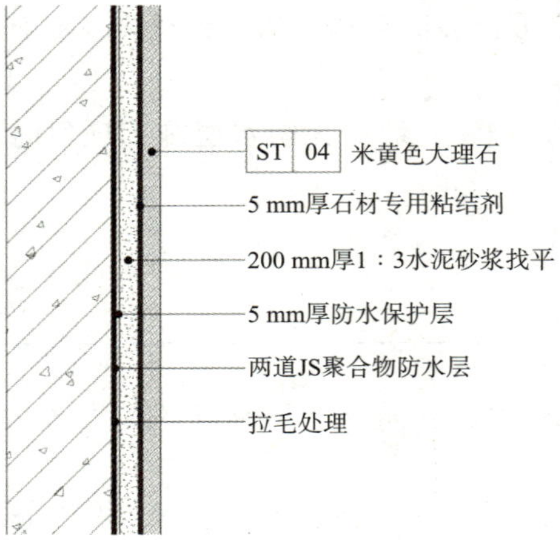	施工三维节点图 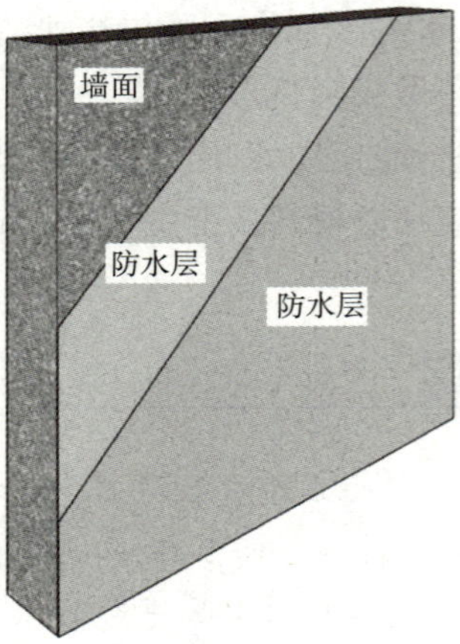

ST 04 米黄色大理石
5 mm厚石材专用粘结剂
200 mm厚1:3水泥砂浆找平
5 mm厚防水保护层
两道JS聚合物防水层
拉毛处理

交底内容：(根据项目情况，描述以下交底内容)

一、施工准备

二、作业条件

三、施工工艺

四、质量标准

五、成品保护

六、注意事项

教师评价	

44

项目三 隔墙工程施工技术

项目导学 >>>

　　隔墙是分隔建筑物内部空间的非承重构件，在国家标准《建筑装饰装修工程质量验收标准》（GB 50210—2018）中，其按构造方式和材料的不同，将其分为轻钢龙骨石膏板隔墙、砌筑隔墙、装配式隔墙和玻璃隔墙四种类型，也可统称为骨架隔墙、板材隔墙、活动隔墙和玻璃隔墙。其中，板材隔墙包括复合轻质墙板、石膏空心板、增强水泥板和混凝土轻质板等隔墙；骨架隔墙包括以轻钢龙骨、木龙骨等为骨架，以纸面石膏板、人造木板、水泥纤维板等为墙面板的隔墙；玻璃隔墙包括玻璃板、玻璃砖隔墙。

　　隔墙工程施工技术根据内容不同，共分为四项任务：任务一为轻钢龙骨石膏板隔墙施工，任务二为砌筑隔墙施工，任务三为装配式隔墙施工，任务四为玻璃隔墙施工。

想一想

1. 轻钢龙骨石膏板隔墙的施工工艺流程是什么？
2. 砌筑隔墙施工工艺流程是什么？
3. 玻璃隔墙施工工艺流程是什么？
4. 骨架隔墙施工质量验收标准有哪些？

任务一　轻钢龙骨石膏板隔墙施工

　　轻钢龙骨是以薄壁镀锌钢带或薄壁冷轧退火卷带为原料，经冲压或冷弯而成的轻质隔墙板支撑骨架材小。墙体轻钢龙骨主要有 Q50、Q75、Q100、Q150 四个系列。轻钢龙骨具有质量小、强度高、防腐蚀性好等优点。纸面石膏板材料是以建筑石膏为主要原料，掺入适量添加剂与纤维做板芯，以特制的板纸为护面，经加工制成的板材。

任务目标

1. 掌握轻钢龙骨石膏板隔墙工程的施工工艺和工艺流程；
2. 熟知轻钢龙骨石膏板隔墙工程的质量验收标准、检验方法；
3. 能够根据构造节点图进行交底描述。

任务内容

1. 任务描述：根据框架结构毛坯房室内隔墙，正确的编写施工顺序，并编写隔墙验收标准。

2.参考图纸：毛坯房轻钢龙骨石膏板隔墙照片，如图 3.1 所示；轻钢龙骨石膏板隔墙构造图，如图 3.2 所示。

膨胀螺栓
沿顶边龙骨
岩棉
双层12厚石膏板
贯通龙骨（间距400~600）

贯通龙骨（间距400~600）

沿地边龙骨
腻子填缝
膨胀螺栓

轻钢龙骨墙节点（竖剖）

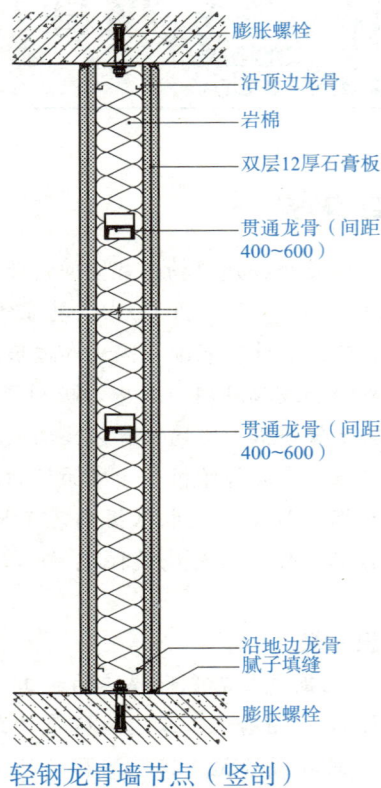

图 3.1　毛坯房轻钢龙骨石膏板隔墙照片　　图 3.2　轻钢龙骨石膏板隔墙构造图

📇 任务实施

一、施工准备

1. 作业条件

(1)室内主体结构已验收合格。轻钢骨架、石膏罩面板在施工前应先完成基本的验收工作。石膏罩面板安装应待屋面、顶棚、墙面抹灰完成后进行。

(2)设计要求隔墙有地枕带时，应待地枕带施工完毕，并达到设计强度后，方可进行骨架安装。

(3)隔墙材料配套齐全，均有材料检验报告与合格证。

2. 材料要求

(1)轻钢龙骨：沿顶龙骨、沿地龙骨、加强龙骨、竖向龙骨、横撑龙骨应符合设计标准。

(2)配件：支撑卡、卡托、角托、连接件、固定件、压条等配件应符合设计要求。

（3）隔墙填充料：按设计要求选用玻璃棉或岩棉等。

（4）罩面板材：纸面石膏板规格、厚度由设计人员或按图纸要求选定。

3. 施工机具准备

电动自攻钻、无齿锯（或电动剪）、板锯、拉铆枪、快装钳、安全多功能刀、线坠、靠尺等。

二、工艺流程

墙位放线→安装沿顶、沿地和沿边龙骨→安装竖向、横向龙骨→预埋管线→安装隔声材料→安装石膏板→接缝处理→面层施工。

三、施工工艺

（1）墙位放线：根据设计施工图，在已做好的地面或地枕带上，放出隔墙位置线、门窗洞口边框线，并放好顶龙骨位置边线。放线后按设计要求先将隔墙的门洞口框安装完毕，如图 3.3 所示。

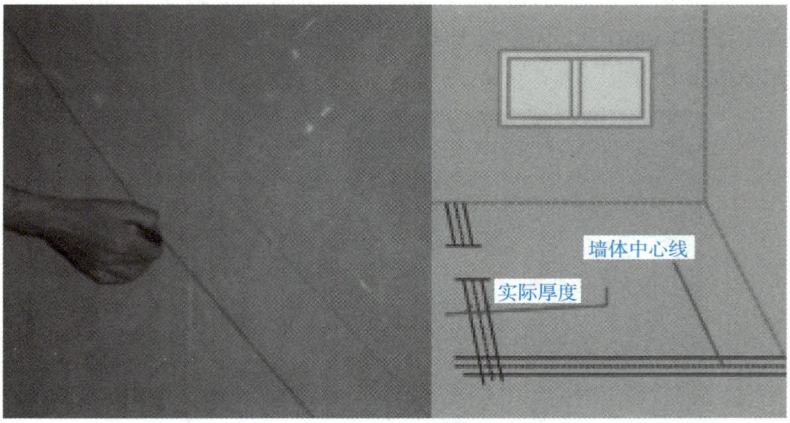

墙体中心线

实际厚度

图 3.3　墙位放线

（2）安装沿顶、沿地和沿边龙骨：按已放好的隔墙位置线，按线安装顶龙骨、地龙骨和边龙骨，用射钉固定于主体上，其射钉钉距为 600 mm。

（3）安装竖向、横向龙骨：根据隔墙放线门洞口位置，在安装顶龙骨和地龙骨后，按设计要求确定竖向龙骨间距，设计无要求时，可按板宽确定，如选用 900 mm、1 200 mm 板宽，间距可定为 450 mm、600 mm。竖向龙骨与沿地（顶）龙骨采用拉铆钉方法固定，如图 3.4 所示。

（4）预埋管线：根据设计要求，在横撑龙骨上增加固定钢条，将线盒固定在龙骨上，线盒面板与隔墙面平齐，并安装管线。

（5）安装隔声材料：隔声材料根据选择不同有喷涂和块状填充等安装方式，其中块状填充方式是将隔声材料均匀、无缝隙地放入隔墙的空腔，根据隔墙厚度定制与墙体空腔一致的隔声棉进行整块填充，如图 3.5 所示。

竖向龙骨

穿心龙骨　纸面石膏板

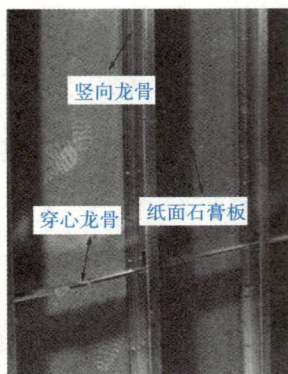

图 3.4　安装竖向横向龙骨　　　图 3.5　安装隔声材料

（6）安装石膏板：

1）检查龙骨安装质量、门洞口框是否符合设计及构造要求，龙骨间距是否符合石膏板宽度的模数。

2）安装一侧的纸面石膏板，从门口处开始，无门洞口的墙体由墙的一端开始，石膏板一般用自攻螺钉固定，板边钉距为 200 mm，板中间钉距为 300 mm，螺钉距石膏板边缘的距离不得小于 10 mm，也不得大于 16 mm，用自攻螺钉固定时，纸面石膏板必须与龙骨紧靠，如图 3.6 所示。

图 3.6　安装石膏板

3）安装墙体另一侧纸面石膏板，方法与第一侧纸面石膏板相同，其接缝应与第一侧面板错开。

4）安装双层纸面石膏板时，第二层石膏板的固定方法与第一层相同，但第二层石膏板的接缝应与第一层错开，不能与第一层的接缝落在同一龙骨上。

（7）接缝处理：纸面石膏板之间的接缝有明缝和暗缝两种，明缝适用于公共建筑大房间的隔墙；暗缝适用于居住建筑小房间的隔墙。明缝的做法：安装板材时留 8～12 mm 的间隙，再用石膏油腻子嵌入并用勾缝工具勾成凹缝，或在明缝中嵌入铝合金压条。暗缝的做法：将板边缘刨成斜面倒角，再与龙骨固定，安装后在接缝处填腻子，待初凝后再抹一层腻子，然后粘贴穿孔纸带。水分蒸发后，用腻子将纸带压住，与墙面抹平。

（8）面层施工：面层主要为装饰面材，面材的材料种类繁多，包括软包、硬包、护墙板等，面层施工应根据设计要求选择材料。面层造型应符合设计要求。

四、施工质量验收标准

根据《建筑装饰装修工程质量验收标准》（GB 50210—2018），骨架隔墙工程（纸面石膏板隔墙）质量验收要求如下。

（1）骨架隔墙所用龙骨、配件、墙面板、填充材料及嵌缝材料的品种、规格、性能和木材的含水率应符合设计要求。有隔声、隔热、阻燃和防潮等特殊要求的工程，材料应有相应性能检验报告和复检报告。

检验方法：观察；检查产品合格证书、进场验收记录、性能等级的检验报告和复检报告。

（2）骨架隔墙地梁所用材料、尺寸及位置等应符合设计要求。骨架隔墙的沿地、沿顶及边框龙骨应与基体结构连接牢固。

检验方法：手扳检查；尺量检查；检查隐蔽工程验收记录。

（3）骨架隔墙中龙骨间距和构造连接方法应符合设计要求。骨架内设备管线的安装、门帘洞口等部位加强龙骨的安装应牢固、位置正确。填充材料的品种、厚度及设置应符合设计要求。

检验方法：检查隐蔽工程验收记录。

（4）骨架隔墙的墙面板应安装牢固，无脱层、翘曲、折裂及缺损。

检验方法：观察；手扳检查。

（5）墙面板所用接缝材料的接缝方法应符合设计要求。

检验方法：观察。

（6）骨架隔墙表面应平整光滑、色泽一致、洁净、无裂缝，接缝应均匀、顺直。

检查方法：观察；手摸检查。

（7）骨架隔墙上的孔洞、槽、盒应位置正确、套割吻合、边缘整齐。

检验方法：观察。

（8）骨架隔墙内的填充材料应干燥，填充应密实、均匀、无下坠。

检验方法：轻敲检查；检查隐蔽工程验收记录。

（9）骨架隔墙安装的允许偏差和检验方法符合表3.1的规定。

表 3.1　骨架隔墙安装的允许偏差和检验方法

序号	项目	允许偏差/mm		检验方法
		纸面石膏板	人造木板、水泥纤维板	
1	立面垂直直度	3	4	用2 m垂直检测尺检查
2	表面平整度	3	3	用2 m靠尺和塞尺检查
3	阴阳角方正	3	3	用200 mm直角检测尺检查
4	接缝直线度	—	3	拉5 m线，不足5 m拉通线，用钢直尺检查

序号	项目	允许偏差/mm		检验方法
		纸面石膏板	人造木板、水泥纤维板	
5	压条直线度	—	3	拉 5 m 线，不足 5 m 拉通线，用钢直尺检查
6	接缝高低差	1	1	用钢直尺和塞尺检查

五、施工注意事项

(1)安装隔墙轻钢龙骨架及罩面板时，应注意保护隔墙内装好的各种管线。

(2)施工部位已安装的门窗，已施工完的地面、墙面等应注意保护，防止损坏。

(3)在进场、存放、使用过程中对轻钢骨架材料，特别是罩面板材料进行妥善保管，使其不变形、不受潮、不损坏、不污染。

任务小结

轻钢龙骨石膏板隔墙施工工艺流程：墙位放线→安装沿顶、沿地和沿边龙骨→安装竖向、横向龙骨→预埋管线→安装隔声材料→安装石膏板→接缝处理→面层施工。

课后训练

填空题

1. 设计要求隔墙有地枕带时，应待地枕带_____，并达到设计强度后，方可进行骨架安装。

2. 在质量验收时，有隔声、隔热、阻燃和防潮等特殊要求的工程，材料应有_____。

3. 轻钢龙骨纸面石膏板隔墙在安装面层石膏板时，表面的平整度偏差应控制在_____ mm。

4. 纸面石膏板的接缝有_____和_____两种。

5. 轻钢龙骨石膏板隔墙的工艺流程为：_____、安装沿顶沿地和沿边龙骨、安装竖向和横向龙骨、_____、_____、安装石膏板、接缝处理、面层施工。

任务二　砌筑隔墙施工

砌筑隔墙是利用轻质砖或轻质砌块通过专用胶粘剂砌筑形成的用于建筑物隔断的非承重墙体。通常采用的材料为空心砖、轻体砖，其具有质量小、强度高、耐水抗渗、隔声防火、保温隔热、施工快捷等优点，特点是施工方便、工效高、速度快、绿色环保、适应性强。

任务目标

1. 掌握砌筑隔墙工程的施工工艺和工艺流程；
2. 熟知砌筑隔墙工程的质量验收标准、检验方法；
3. 能识读砌筑隔墙的构造节点施工图。

任务内容

1. 任务描述：根据砌筑隔墙施工图，正确编写施工顺序，并编写砌筑隔墙验收标准。

2. 参考图纸：客厅砌筑隔墙后毛坯房图片，如图3.7所示；砌筑隔墙结构施工图，如图3.8所示。

图3.7 砌筑隔墙

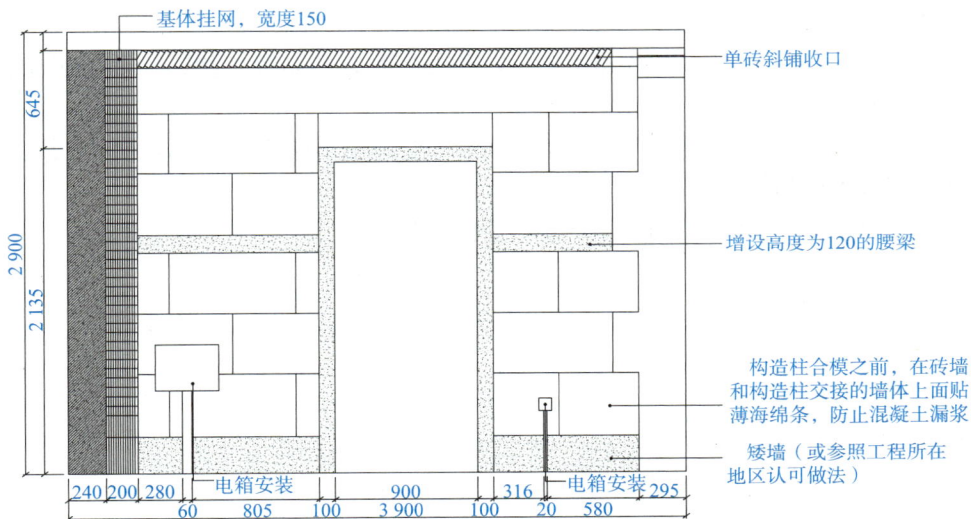

图3.8 砌筑隔墙结构施工图

任务实施

一、施工准备

1. 作业条件

(1) 清理地面，将室内超出标高部分剔除，清理浮尘。

(2) 砌筑墙体前应对楼层面用水准仪进行找平，拉通线检查，如水平灰缝厚度超过30 mm，用细石混凝土找平，不得用砂浆找平。

(3) 常温作业，砖应隔夜浇水湿润，在冬期施工时，操作前冲水湿润。

(4) 弹出轴线、墙边线，如图3.9所示，门窗洞口线必须经过复核（图3.10），办理验线、预检手续。

图 3.9　砌筑墙体弹线

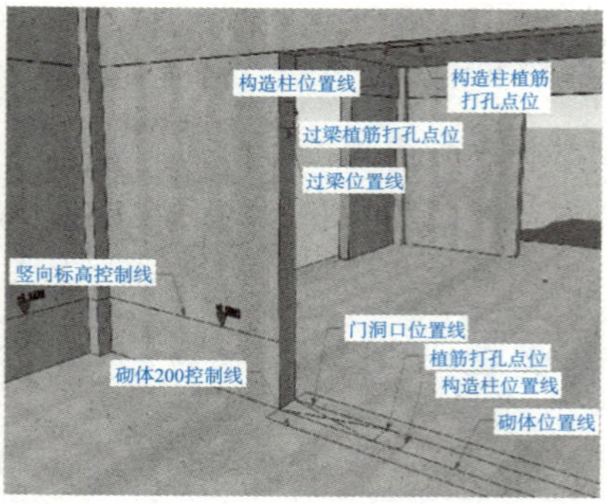

图 3.10　砌筑门洞口弹线

2. 材料要求

(1)砖：品种、强度等级必须符合设计要求，并有出厂合格证、试验单。砖色泽均匀，边角整齐。

(2)水泥：品种及强度等级应根据砌体部位及所处环境条件选择，一般采用 42.5 级普通硅酸盐水泥或 32.5 级矿渣硅酸盐水泥。

(3)砂：用中砂，配制 M5 以下砂浆所用砂的含泥量不应超过 10%，M5 及其以上砂浆的砂含泥量不应超过 5%，使用前用 5 mm 孔径的筛子过筛。

(4)其他材料：墙体拉结筋及预埋件等需要刷防腐剂。

3. 施工机具准备

大铲、瓦刀、扁子、托线板、线坠、卷尺、水平尺、小水桶、红外仪等。

二、工艺流程

弹墙线→确定组砌方法→砖浇水→拌制砂浆→排砖→砌砖墙。

三、施工工艺

(1)弹墙线：根据设计要求在需要砌筑部位定位，先弹墙体轴线及门窗洞口边线，立好皮数杆(一般间距为 15～20 m，转角处均应设立)，并办理预检手续，如图 3.11 所示。

(2)确定组砌方法：依据砌墙材料选取，按照要求采用轻质蒸压砌块砖材料时，应小块砖与轻体砖配合使用，采用地面小块砖垫底、中间大砖、结束处小块砖斜砌的方法。

(3)砖浇水(图 3.12)：砖必须在砌筑前一天浇水湿润，一般以水浸入砖面 1.5 cm 为宜，含水率为 10%～15%，常温施工时不得干砖上墙；雨期不得使用含水率达饱和状态的砖砌墙；冬期适当增大砂浆稠度。

(4)拌制砂浆：内墙砂浆通常采用 1∶3 的质量比。砂浆程度取决于不同工程类别和设计要求。砂浆应随搅拌随用，水泥砂浆和混合砂浆分别应在 3 h 和 4 h 内使用完毕，细石混凝土应在 2 h 内用完。

图 3.11　墙体预检

图 3.12　砖浇水

（5）排砖：一般内墙第一层撂底时，采用排条砖方式。根据墙体尺寸、门窗洞口吊线找准位置，认真核对其长度是否符合排砖模数。排砖时必须做全盘考虑，或根据墙体排砖图进行施工定位。

（6）砌砖墙：在新砌的墙体与旧墙体之间的适当位置，植入钢筋固定（称为壁栓）（图 3.13），以防止未来外界因素导致墙体龟裂、倒塌。砖块与砖块之间的缝隙在 1 mm 左右，并且用水泥砂浆填充。多层砌体结构后砌的非承重墙，应沿墙高每隔 500 mm 配置 2 根φ6 的拉结筋与承重墙或柱拉结（图 3.14），每边伸入墙内不得小于 500 mm；当抗震烈度大于 7 度（包括 7 度）时，应沿墙满铺。

图 3.13　墙体植入钢筋 1

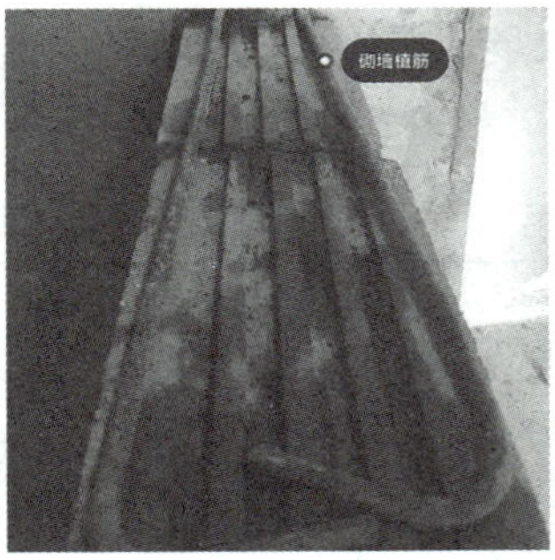

图 3.14　墙体植入钢筋 2

四、质量验收标准

砌筑隔墙施工验收标准及检验方法严格按照《砌体结构工程施工质量验收规范》（GB 50203—2011）第 5.1.1～5.3.3 条的规定执行。具体见表 3.2。

表 3.2　砌筑隔墙施工验收标准

项次	项目			允许偏差/mm	检验方法
1	轴线位移			10	用经纬仪和尺或其他测量仪器检查
2	基础、墙、柱顶面标高			±15	用水准仪和尺检查
3	墙面垂直度	每层		5	用 2 m 托线板检查
		全高	≤10 m	10	用经纬仪、吊线和尺或用其他测量仪器检查
			>10 m	20	

项次	项目		允许偏差/mm	检验方法
4	表面平整度	清水墙、柱	5	用2 m靠尺和楔形塞尺检查
		混水墙、柱	8	
5	水平灰缝平直度	清水墙	7	拉5 m线和尺检查
		混水墙	10	
6	门窗洞口高、宽(后塞口)		±10	用尺检查
7	外墙上下窗口偏移		20	以底层窗口为准,用经纬仪或吊线检查
8	清水墙游丁走缝		20	以每层第一皮砖为准.用吊线和尺检查

五、施工注意事项

(1)施工中,要防止物体碰撞砌体表面,不得随意拆砸砌体。

(2)墙体拉结钢筋、构造柱钢筋、各种预埋件、暖卫管线、电气管线均应注意防护,不得随意碰撞、拆改或损坏。

(3)对墙体的混凝土构件冬期施工期间采用岩棉被进行保温。

(4)装拆脚手架、砌块上料时,要认真操作,防止碰撞砌好的砌体。

(5)空心砌块墙上不得安放脚手架钢管,防止发生事故。

(6)成品堆放场地要平整。

任务小结

砌筑隔墙工程工艺流程:弹墙线→确定组砌方法→砖浇水→拌制砂浆→排砖→砌砖墙。

课后训练

判断题

1.检验砌筑隔墙墙体表面水平时需要用2 m靠尺和楔形塞尺进行检查。

( )

2.砌筑隔墙墙体上有门和窗时,不需要提前考虑定位,可根据实际房屋面积大小随意定位。 ( )

3.轻质块体砌筑隔墙可以起到承重作用。 ( )

4.砌筑隔墙墙体一般规定沿宽度方向每半砖配置不少于1根φ6钢筋。

( )

5.墙体拉结钢筋埋入长度和外露长度不少于50 cm,并加直角弯钩,钩入灰缝。 ( )

墙体新建施工工艺

任务三　装配式隔墙施工

装配式隔墙系统是结构、功能、装饰一体化整体系统，可达到装配式装修管线分离的目的，施工速度快。ALC轻质隔墙板也称为蒸压加气轻质混凝土板，属于新型建筑节能产品；其具有质量小、隔声保温效果好、造价低、安装工艺简单、工期要求较低、生产工业化、标准化、安装产业化等优点，目前在高层框架建筑及工业厂房的内外墙体获得了广泛的应用。

任务目标

1. 掌握装配式隔墙工程的施工工艺和工艺流程；
2. 熟知装配式隔墙工程的质量验收标准、检验方法；
3. 能够根据装配式隔墙构造节点施工图编写施工流程。

任务内容

1. 任务描述：在室内卧室空间中进行装配式隔墙施工，根据施工结构节点图编写装配式隔墙的施工流程，并编写施工验收标准。

2. 参考图纸：ALC板装配式隔墙照片，如图3.15所示；ALC板装配式隔墙工艺立面图，如图3.16所示。

图 3.15　ALC 板装配式隔墙照片

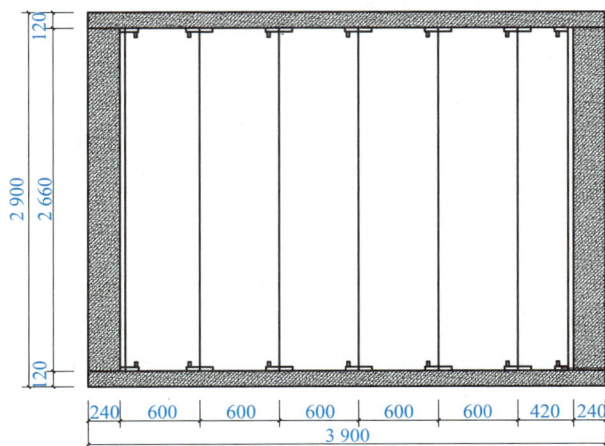

管卡，每块板距板端80 cm设一只，板长小于4 m可不设

图 3.16　ALC 板装配式隔墙工艺立面图

📋 任务实施

一、施工准备

1. 作业条件

（1）ALC板装配式隔墙安装工程应在做地面找平层之前进行。大型条板隔墙施工之前，宜先做样板墙，经确认后再进场施工。

（2）ALC板装配式隔墙安装前，应对墙板安装人员进行培训，安装人员应掌握施工要求及相关的技术文件。

（3）ALC板装配式隔墙施工期间，应采取控制施工现场粉尘、废弃物、噪声等的措施，避免对周围环境造成污染和危害。

（4）ALC板装配式隔墙施工现场环境温度不宜低于5 ℃；当需要在温度低于5 ℃的环境下施工时，应做好冬期施工应急措施。

2. 材料要求

（1）ALC轻质隔墙板：品种、强度等级必须符合设计要求，并有出厂合格证、试验单。砖色泽均匀，边角整齐。

（2）水泥：品种及强度等级应根据砌体部位及所处环境条件选择，一般采用42.5级普通硅酸盐水泥或32.5级矿渣硅酸盐水泥。

（3）砂：用中砂，配制M5以下砂浆所用砂的含泥量不应超过10%，M5及其以上砂浆的砂含泥量不应超过5%，使用前用5 mm孔径的筛子过筛。

（4）其他材料：墙体拉结筋及预埋件等需要刷防腐剂。

3. 施工机具准备

（1）测量、放线工具：钢卷尺、双人梯、画线工具、钢直尺、靠尺、水平尺、吊线坠、红外线（水平软管）等。

（2）安装工具：手提切割机、手电钻、钻孔机、砂浆搅拌机、木楔、撬棒、铁锤、铁锹、泥抹子、油灰刀、灰桶、电工用具、凿子等。

二、工艺流程

以ALC轻质隔墙板安装工艺流程为例：材料检验→定位放线→板材切割→固定卡件→安装固定隔墙板→接缝处理。

三、施工工艺

（1）材料检验：进场所有材料、构件的编号、数量均应进行检验且合格。

（2）定位放线（图3.17）：根据已经审核确定的墙板安装施工图，用控制线把楼面上的墙线位、门窗的位置进行弹线标注，先弹长线，后弹短线，先放平行线，后方垂直交叉线，最后确定门洞位置线。不同厚度的墙板，放不同宽度的位置线。

（3）板材切割（图3.18）：按照设计图纸和现场需求，对部分板材进行切割。

图 3.17　定位放线

图 3.18　板材切割

（4）固定卡件（图 3.19）：根据弹线位置用射钉在墙板上部及梁（板）上安装 L 形或 U 形钢卡件，以紧固墙板。

（5）安装固定隔墙板（图 3.20）。

图 3.19　固定卡件

图 3.20　安装固定隔墙板

1）安装：在基层及墙板侧边涂抹胶粘剂，在墙板顶部满涂胶粘剂并成倒 V 形，将墙板对准定位线后立板，安装时应注意保证墙板的榫头与榫槽相互连接。

2）调校：墙板就位后，使用 2 m 靠尺和撬棍调校墙面的垂直度及平整度，如图 3.21 所示。

3）固定：下部用木楔备紧，起到临时固定的作用，再次检查墙板垂直度及平整度且合格后，底缝填塞砂浆（图 3.22），顶缝填塞发泡剂。

图 3.21　平整度校对

图 3.22　底缝填塞砂浆

（6）接缝处理：

1）两板双燕尾槽接缝处理：两板接缝处水泥砂浆必须饱满挤紧，挤出的多余水泥砂浆应及时刮平，板边调节处理槽必须等接缝内水泥砂浆达到设计强度要求及墙板干透后，在进行墙体抹灰时一同处理，如图 3.23 所示。

2）梁、板底面接缝处理：由于存在 ALC 轻质隔墙板生产的长度误差，梁、柱底面高度模板误差，两者上、下缝间一般为 3～8 cm，该缝间可用水泥砂浆和板头、砖块等硬物填充，但不允许挤实，要保持和梁隔保持 1 cm 的沉降空隙，靠梁下的阴角砂浆用圆抹灰板压实成外八字形，等装饰面处理时用弹性乳液制作成弹性砂浆腻子将空隙和阴角内填实、补齐、刮平，可保证纵向裂缝不超过 5%。

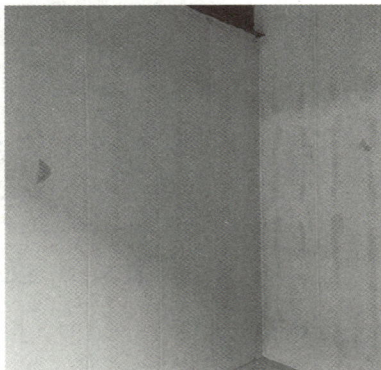

图 3.23　接缝处理

四、施工质量验收标准

装配式隔墙施工验收标准及检验方法严格按照《装配式内装修技术标准》（JGJ/T 491—2021）第 6.4.1～6.4.5 条的有关规定执行，墙体工程质量应符合《建筑工程施工质量验收统一标准》（GB 50300—2013）和《建筑装饰装修工程质量验收标准》（GB 50210—2018）的有关规定，具体见表 3.3。

表 3.3　隔墙施工验收标准及检验方法

项次	项目	允许偏差/mm	检验方法
1	墙体轴线位移	5	用经纬仪或拉线检和尺查
2	表面平整度	3	用 2 m 靠尺和楔形塞尺检查
3	立面平整度	4	用 2 m 垂直检测尺检查
4	接缝高低	2	用直尺和楔形塞尺检查
5	阴阳角方正	3	用方尺和楔形塞尺检查
6	门洞高度、宽度	±4	用卷尺检查
7	缝隙宽度	±2	用直尺检查

五、施工注意事项

（1）吊装材料时需用尼龙吊带（不可采用钢丝绳）将材料捆绑于板材两端 600 mm 处，每次起吊质量不超过 2 t，落地时板材两端 600 mm 处各垫枕木一块，吊运时要有专人指挥，吊带要顺直，保证板材两端同时离地和落地。为了方便驳运板材，卸货时堆放层数不得超过两层。

（2）板材质量、使用工艺达到相关标准的要求或使用配料合理的板材。

（3）在运输和施工现场需要采取防潮措施，防止受潮。

装配式隔墙工程施工工艺流程：材料检验→定位放线→板材切割→固定卡件→安装固定隔墙板→接缝处理。

课后训练

判断题

1. 装配式隔墙具有施工时间长、无法承重等特点。 （ ）

2. 装配式建筑主要分为装配式混凝土结构、装配式钢结构和装配式木结构三种结构形式。 （ ）

3. 装配式内装隔墙从技术层面来看，具有较为显著的先进性和优越性。
（ ）

4. 装配式墙体部品是在厂里预制加工好的成品，在现场进行模块化安装，不进行切割，在现场进行干法作业。 （ ）

微课

装配式墙面

任务四　玻璃隔墙施工

玻璃隔墙是使用玻璃作为隔墙将空间根据需求进行划分，以更加合理地利用空间。玻璃隔墙通常采用钢化玻璃，具有抗风压性、耐寒暑性、抗冲击性等优点。玻璃隔墙类型有单层玻璃隔墙、双层玻璃隔墙、夹胶玻璃隔墙、真空玻璃隔墙（玻璃砖）等。优质的玻璃隔墙工程应该采光好、隔声防火佳、环保、易安装。

任务目标

1. 掌握玻璃隔墙的施工工艺和工艺流程；
2. 熟知玻璃隔墙工程的质量验收标准、检验方法；
3. 能够根据玻璃隔墙构造节点图编写施工流程。

任务内容

1. 任务描述：在室内书房空间中进行玻璃隔墙施工，根据施工结构节点图编写玻璃隔墙的施工流程，并编写施工验收标准。

2. 参考图纸：室内玻璃隔墙空间照片，如图 3.24 所示；玻璃隔墙施工图，如图 3.25 所示。

图 3.24　室内玻璃隔墙空间照片

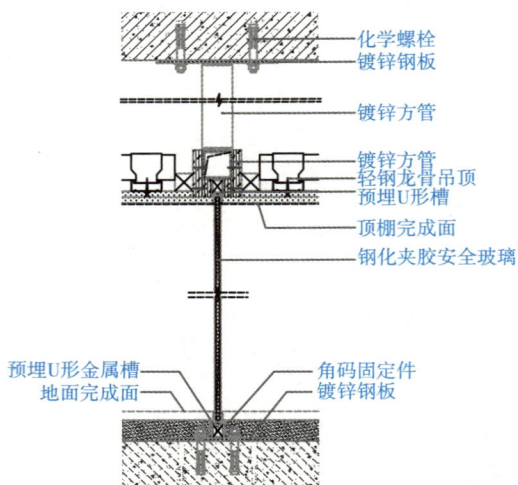

图 3.25　玻璃隔墙施工图

任务实施

一、施工准备

1. 作业条件

(1)装修基层防水层及保护层施工结束，并验收完毕。

(2)按照设计图对墙的尺寸要求，将与玻璃隔墙接触的建筑面的侧边修整垂直，并在玻璃隔墙四周弹好墙身线、门窗洞口位置线及其他尺寸线。

(3)砌体中埋设的拉结筋、木砖已进行隐蔽验收。

(4)施工人员、专业技术人员应配置合理，且专业技术人员和特殊工种必须持证上岗，并应进行岗前培训。

2. 材料要求

玻璃隔墙工程所用材料的品种、规格、性能、图案和颜色应符合设计要求。材料应具有产品合格证书、进场验收记录和性能检测报告。

玻璃隔墙相关材料有平板玻璃、玻璃支撑骨架、玻璃连接件。

3. 施工机具准备

电动气泵、小电锯、小台刨、手电钻、木刨、线刨、斧、刨、锤、螺钉旋具、直钉枪等。

二、工艺流程

以无竖框玻璃隔墙施工工艺流程为例：定位弹线→安装固定型钢边框→安装玻璃→嵌缝打胶→边框装饰→清洁及保护。

三、施工工艺

（1）弹线定位（图3.26）：根据设计图确定玻璃隔墙位置，在地面及墙面上弹线定位，弹线时注意预埋件位置是否准确。没有预埋铁件的，需要确定金属膨胀螺栓的位置。落地无框玻璃隔墙，要预留出饰面层的厚度；有踢脚线的，要预留踢脚线饰面层的厚度。

图3.26　弹线定位

（2）安装固定型钢边框：将型钢（角钢或薄壁槽钢）按照已弹好的位置线安放好，检查无误后与预埋铁件或金属膨胀螺栓焊牢。型钢材料在安装前应刷好防腐涂料，焊好后在焊接处应再补刷防锈漆。大面积的玻璃隔墙采用吊挂式安装时，应先在建筑结构或板下做出吊挂玻璃的支撑架，并安装好吊挂玻璃的夹具及上框。

（3）安装玻璃：先将槽口清理干净，垫好防振橡胶垫块，把玻璃竖着插入上框槽口，然后轻轻垂直下落，卡到下框槽口内（图3.27）；调整玻璃位置，继续安装中间玻璃，两块玻璃之间预留2～3 mm的缝隙，或留出与玻璃稳定器（玻璃肋）厚度相同的缝隙，用于填胶或安装玻璃肋。

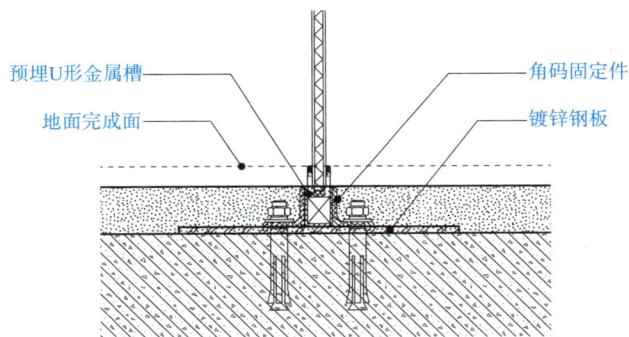

预埋U形金属槽　　　　　　　角码固定件
地面完成面　　　　　　　　　镀锌钢板

图3.27　固定玻璃结构

（4）嵌缝打胶（图 3.28）：玻璃全部安装到位后，先校正水平度和垂直度，然后在槽内两侧嵌橡胶压条，从两边挤紧玻璃，打硅酮结构胶。注意注胶要均匀，完成后将多余的胶清理干净。

（5）边框装饰（图 3.29）：无竖框玻璃隔墙如果没有任何装饰，往往显得很单调，通常对嵌入地面和墙面的玻璃接缝进行处理，让其更加美观。对没有嵌入地面和墙面的玻璃隔墙，可以用胶合板做底衬板，将不锈钢等金属粘在衬板上，以显得更加光亮、美观。

图 3.28　嵌缝打胶

图 3.29　装饰边框

（6）清洁及保护：无竖框玻璃隔墙安装好后，应用棉纱和清洁剂清洁玻璃表面的胶迹和污痕，然后采用粘贴不干胶条等办法在玻璃表面做出醒目的标志，以防止碰撞玻璃的意外发生。

四、施工质量验收标准

玻璃隔墙施工验收标准及检验方法严格按照《建筑装饰装修工程质量验收标准》（GB 50210—2018）中玻璃隔墙质量验收规范第 8.5.1～8.5.10 条的规定执行，具体见表 3.4。

表 3.4　玻璃隔墙安装的允许偏差和检验方法

项次	项目	允许偏差/mm		检验方法
		玻璃板	玻璃砖	
1	立面垂直度	2	3	用 2 m 靠尺和塞尺检查
2	表面平整度	—	3	用 2 m 靠尺和塞尺检查
3	阴阳角方正	2	—	用 2 m 垂直检测尺检查
4	接缝直线度	2		拉 5 m 线，不足 5 m 拉通线，用钢直尺检查
5	接缝高低差	2	3	用钢尺和塞尺检查
6	接缝宽度	1		用钢尺检查

五、施工注意事项

（1）玻璃隔墙工程所用材料的品种、规格、图案、颜色和性能应符合设计要求。

（2）无框玻璃板隔墙的受力爪件应与基体结构连接牢固，爪件的数量、位置应准确，爪件与玻璃板的连接应牢固。

(3)玻璃隔墙施工完成后，在距玻璃砖隔墙两侧各 100～200 mm 处搭设木架，防止玻璃砖墙遭到磕碰，做好安全保护措施。

任务小结

无竖框玻璃隔墙施工工艺流程：定位弹线→安装固定边框→安装玻璃→嵌缝打胶→边框装饰→清洁及保护。

课后训练

判断题

1. 玻璃隔墙施工简单，因此施工人员只需要进行岗前培训后即可直接上岗。
（　　）

2. 玻璃隔墙施工完成后，需要在距玻璃隔墙两侧各 100～200 mm 处搭设木架，防止玻璃墙遭到磕碰。
（　　）

3. 根据《建筑装饰装修工程质量验收规范》(GB 50210—2018)中关于玻璃隔墙质量验收的相关规定，玻璃板在垂直方向的允许偏差为 2 mm。
（　　）

4. 玻璃隔墙类型有单层玻璃隔墙、双层玻璃隔墙、夹胶玻璃隔墙、真空玻璃隔墙(玻璃砖)等。
（　　）

5. 玻璃板隔墙接缝处高低落差应控制在 2 cm 以内。
（　　）

微课

玻璃隔墙装饰工艺节点

工程名称：	轻钢龙骨石膏板隔墙工程施工技术	姓名：	
交底部位：	室内卧室墙面	班级：	
工艺分类：	隔墙	交底日期：	

工艺流程：

施工 CAD 节点图 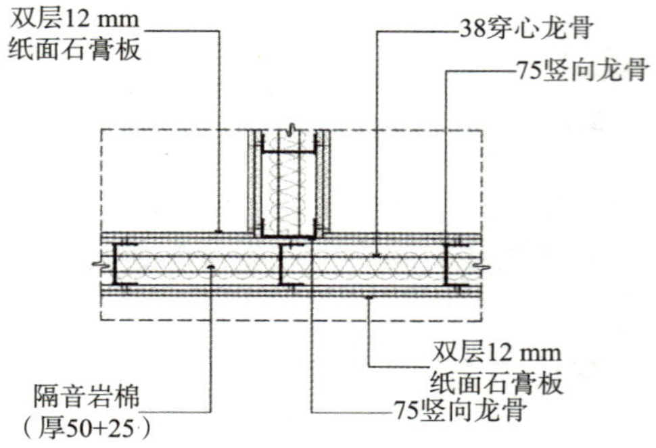	施工三维节点图 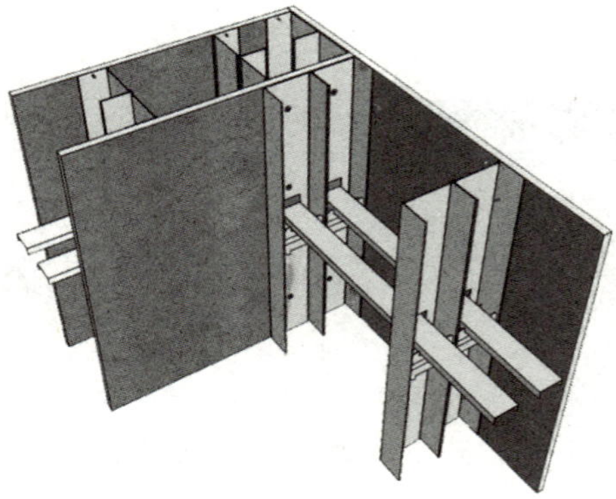

双层12 mm 纸面石膏板
38穿心龙骨
75竖向龙骨
双层12 mm 纸面石膏板
75竖向龙骨
隔音岩棉（厚50+25）

交底内容：（根据轻钢龙骨石膏板隔墙结构施工图内容，描述以下交底内容）

一、施工准备

二、作业条件

三、施工工艺

四、质量标准

五、成品保护

六、注意事项

教师评价	

64

项目四　楼地面工程施工技术

项目导学

楼地面是建筑物的底层地坪和楼层地坪的总称，一般由面层、垫层和基层三部分组成。在楼地面上进行装饰施工，不仅可以提高楼地面的耐久性，也可创设良好的空间氛围，使整个居家环境看起来也更有品位。

本项目楼地面装饰工程施工技术共分为四项任务：任务一为自流平地面施工，任务二为块材（地砖、石材）地面施工，任务三为实木地板地面施工，任务四为地毯地面施工，任务五为塑胶地板地面施工。

想一想

1. 自流平地面施工的工艺流程是什么？
2. 块材（地砖、石材）地面施工的施工工艺是什么？
3. 木地板地面施工的工艺流程是什么？
4. 人造软质制品（塑料地板、地毯）地面施工的质量验收标准是什么？

任务一　自流平地面施工

水泥自流平整体式地面构造比较简单，主要包括基面、界面剂、水泥基自流平。水泥自流平地面与踢脚板部位、地面沉降缝做法属于施工中的重要部分，其中地面与踢脚板做法如图 4.1、图 4.2 所示。

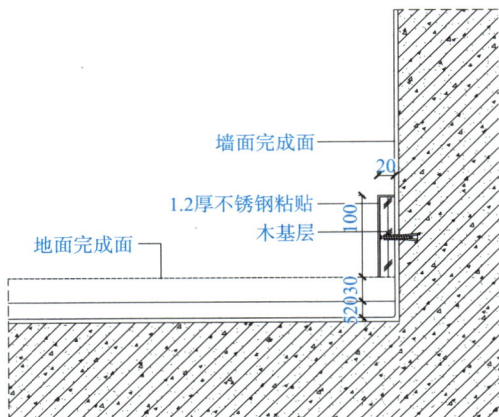

图 4.1　地面与踢脚板做法（一）

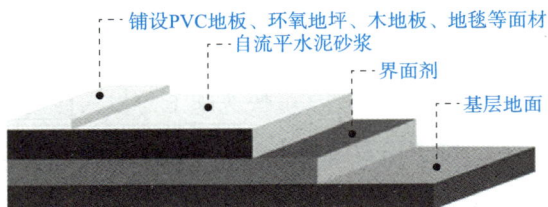

图 4.2　地面与踢脚板做法（二）

任务目标

1. 掌握自流平地面工程的施工工艺和工艺流程；
2. 掌握自流平地面工程的质量验收标准和检验方法；
3. 能够编写自流平地面工程的施工方案；
4. 能够绘制自流平地面工程的细部构造节点施工图。

任务内容

1. 任务描述：某室内展厅地面需要进行自流平施工，要求地面光滑、平整、易清洁。施工顺序正确，自流平施工符合施工质量验收规范的要求。

2. 参考图纸：展厅空间平面布局图，如图 4.3 所示；自流平地面构造图，如图 4.4 所示。

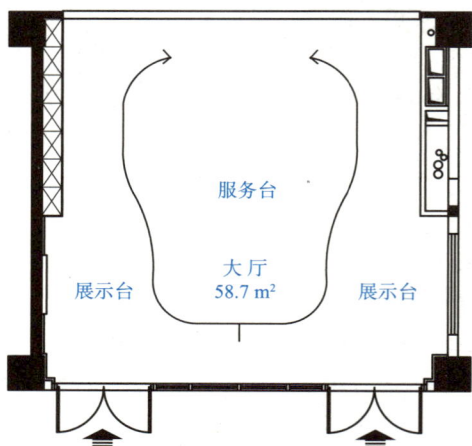

图 4.3　展厅空间平面布局图

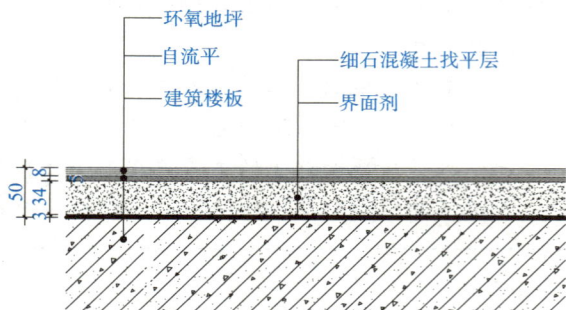

图 4.4　自流平地面构造图

任务实施

一、施工准备

1. 材料准备

（1）界面剂。界面剂一般由醋酸乙烯制成，其具有超强的粘结力，优良的耐水性、耐老化性。提高自流平对基层的粘结强度可有效避免自流平层空鼓、脱落、收缩开裂等问题。

（2）自流平水泥。自流平水泥是由多种活性成分组成的干混型粉状材料，现场拌水即可使用。稍经刮刀展开，即可获得平整基面。其特点是硬化速度快、施工快捷、安全、无污染、美观、可快速施工与投入使用。

2. 施工机具准备

（1）机械工具：砂浆搅拌机、洗地机、真空吸尘器、电动切割机。
（2）检测工具：水准仪、流动度测试仪。

（3）辅助机具：水管、电线电缆、照明灯、底涂辊刷、软刷、量水桶、无齿刮板、自流平专用刮板、抹子、铲刀。

二、工艺流程

基层处理→设置控制点及分段条→涂刷界面剂→自流平地面施工→地面养护→切缝、打胶。

三、施工工艺

1. 基层处理

基层要求：基层表面应无起砂、空鼓、起壳、脱皮、疏松、麻面、油脂、灰尘、裂纹等缺陷，表面干燥度、平整度应符合要求。

（1）用清洁剂去除基层上的油渍、蜡及其他污染物，必要时用洗地机对地面进行清洗，将尘土、不结实的混凝土表层、油脂、水泥浆或腻子及可能影响粘结强度的杂质清理干净，如图4.5所示。

图4.5　地面清理

（2）对基层的蜂窝、孔洞等采用专用修补砂浆进行修补；大面积空鼓应彻底剔除，重新施工；局部空鼓应采取灌浆或其他方法处理；基层裂缝应采取专项材料灌注、找平、密封，如图4.6所示。

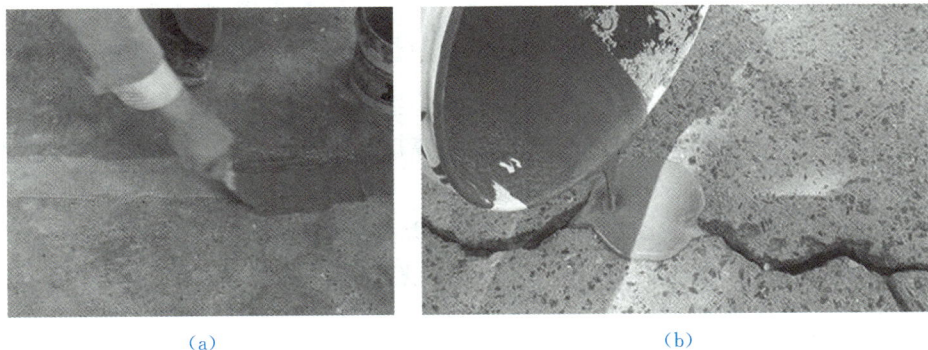

（a）　　　　　　　　　　　　　　　　（b）

图4.6　基层处理

（a）地面裂缝位置用玻璃丝布粘结；（b）灌浆修补裂缝

（3）基层必须牢固、密实，混凝土抗压强度不低于 20 MPa，水泥砂浆抗压强度不低于 15 MPa。有防水防潮要求的地面应预先在基层以下完成此项施工。

（4）伸缩处理：清理伸缩缝，向伸缩缝内注入发泡胶或其他弹性材料，胶表面低于伸缩缝表面约 20 mm，然后涂刷界面剂，干燥后用拌好的自流平砂浆抹平堵严。

2. 设置控制点及分段条

（1）抄平设置控制点：架设水准仪对施工地面抄平，检测其平整度，地面控制点设置为 1 m。

（2）设置分段条：在每次施工分界处先弹线，然后粘贴双面胶粘条。对于伸缩缝处粘贴宽的海绵条，为防止错位，后面可用木方或方钢顶住。

3. 涂刷界面剂

按照界面剂使用说明要求，用软刷子均匀地涂刷在基层上，不得让其形成局部积液；对于干燥、吸水能力强的基层要处理两遍，要确保界面剂完全干燥、无积存后，方可进行下一步工序的施工，图 4.7 所示为涂刷界面剂。

4. 自流平地面施工

（1）提前划分好区域，以保证一次性连续浇注完整个区。

（2）在干净的搅拌桶内倒入适量清水，开动电动搅拌器，慢慢加入整包自流平材料，持续均匀地搅拌 3～5 min，使之形成稠度均匀、无结块的流态浆体，静置 2～3 min，使自流平材料充分润湿、熟化，排除气泡后，再搅拌 2～3 min，使料浆成为均匀的糊状，并检查浆体的流动性能。

（3）将搅拌好的流态自流平材料在可施工时间内倾倒基面上，任其像水一样流平开。应倾倒成条状，并确保现浇条与上一条能流态地融合在一起（图 4.8）。

图 4.7　涂刷界面剂　　　　　　　　图 4.8　液态自流平材料

（4）浇注的条状自流平材料应达到设计厚度，若小于 4 mm，则要用自流平专用刮板批刮，辅助流平。应连续浇注，两次浇注的间隔最好在 10 min 以内，以免接槎难以消除，如图 4.9 所示。

（5）料浆摊铺后，用带齿的刮板浆料浆摊开并控制合适的厚度，静置 3～5 min，排除里面包裹的气泡，再用消泡滚筒放气，以帮助浆料流动并清除所产生的气泡，达到良好的接槎效果。自流平初凝前，需穿钉鞋走入自流平地面，迅速用消泡滚筒滚轧浇注过的地面，排出搅拌时带入的空气，避免气泡、麻面及条与条之间的接口高差，如图 4.10 所示。

图 4.9　用自流平专用刮板批刮　　　　图 4.10　自流平施工

5. 地面养护

完成施工地面只需在施工条件下进行自然养护，做好成品的保护。养护期间应避免阳光直射、强风气流等，一般 8～10 h 后即可上人行走，24 h 后即可进行其他作业，如铺设其他地面材料。

6. 切缝、打胶

(1) 自流平地面施工完成 3～4 d 后，即可在自流平地面上弹出地面分格线，分格线宜与自流平下垫层伸缩缝重合，从而避免垫层伸缩导致地面开裂；弹出的分格线应平直、清晰。

(2) 分格线弹好后用手提电动切割机对自流平地面切缝，切缝宽度以宽 3 mm、深 10 mm 为宜。

(3) 切缝用吸尘器清理干净后，用胶枪沿缝填满具有弹性的结构密封胶，最后用扁铲刮平即可。

四、施工质量验收标准

(1) 自流平面层的铺涂材料应符合设计要求和国家现行有关标准的规定。

(2) 自流平面层的涂料进入施工现场时，应有以下有害物质限量合格的检测报告：水性涂料中的挥发有机化合物(VOC)和游离甲醛；溶剂中涂料中的苯、甲苯＋二甲苯、挥发性有机化合物(VOC)和游离甲苯二异氰酸酯(TDI)。

(3) 自流平面层的强度等级应不低于 C20，并检查强度等级检测报告。

(4) 自流平面层的各构造层之间应粘结牢固，层与层之间不应出现分类、空鼓现象，可用小锤轻击检查。

(5) 自流平面层表面不应有开裂、漏涂和倒泛水、积水等现象。

(6) 自流平面层应分层施工，面层找平施工时不应留有抹痕。

(7) 自流平面层表面应光洁，色泽应均匀一致，不应有起泡、泛砂等现象。

任务小结

1. 自流平工程在前期准备材料的时候，搅拌必须彻底，不可有块状或干粉出现。搅拌好的自流平水泥需呈流体状。搅拌好的自流平水泥要尽量在半小时之内用完。

2. 自流平水泥倒在地面上以后，用带齿的滚子在上面纵横滚动，放出其中的气体，防止起泡，要特别注意搭接处的平整度。

3. 根据温度和通风情况，自流平水泥需8～24 h后方可彻底干透，干透前不可进行下一步施工。

课后训练

填空题

1. 水泥自流平整体式地面构造比较简单，主要包括_____、_____、_____。

2. 对基层的蜂窝、孔洞等采取专用修补砂浆进行修补；大面积空鼓应_____；局部空鼓应采取_____或其他方法处理；基层裂缝应采取_____灌注、找平、密封。

3. 自流平地面施工完成约_____d后，即可在自流平地面上弹出地面分格线，分格线宜与自流平下垫层伸缩缝_____，从而避免垫层伸缩导致_____；弹出的分格线应平直、清晰。

4. 完成施工地面只需在施工条件下进行_____养护，做好成品的保护。养护期间应避免阳光直射、强风气流等，一般_____h后即可上人行走。

5. 自流平面层表面应光洁，色泽应_____，不应有_____、_____等现象。

微课

地面找平施工

》》》 任务二　块材(地砖、石材)地面施工

块材楼地面是使用块材铺贴在楼层基面上形成块材面层的楼地面，属于刚性地面。常用块材有陶瓷地砖、马赛克、预制水磨石、大理石板、花岗石板等。尽管面层材料使用性能和装饰效果各异，但其基本处理和中间找平层、粘结材料要求和构造做法较为相似。

任务目标

1. 掌握块材地面工程的施工工艺和工艺流程；
2. 熟知块材地面工程的质量验收标准、检验方法；
3. 能编写块材地面工程的施工方案；
4. 能够绘制块材地面工程细部构造节点施工图。

任务内容

1. 任务描述：某客厅空间面积为 25 m²，其中地面满铺地砖，规格为 600 mm×600 mm，入户门铺贴黑金花过门石，要求施工顺序正确，施工工艺符合施工质量验收规范的要求。

2. 参考图纸：客厅地砖铺装平面图，如图 4.11 所示；客厅地砖地面构造图，如图 4.12 所示。

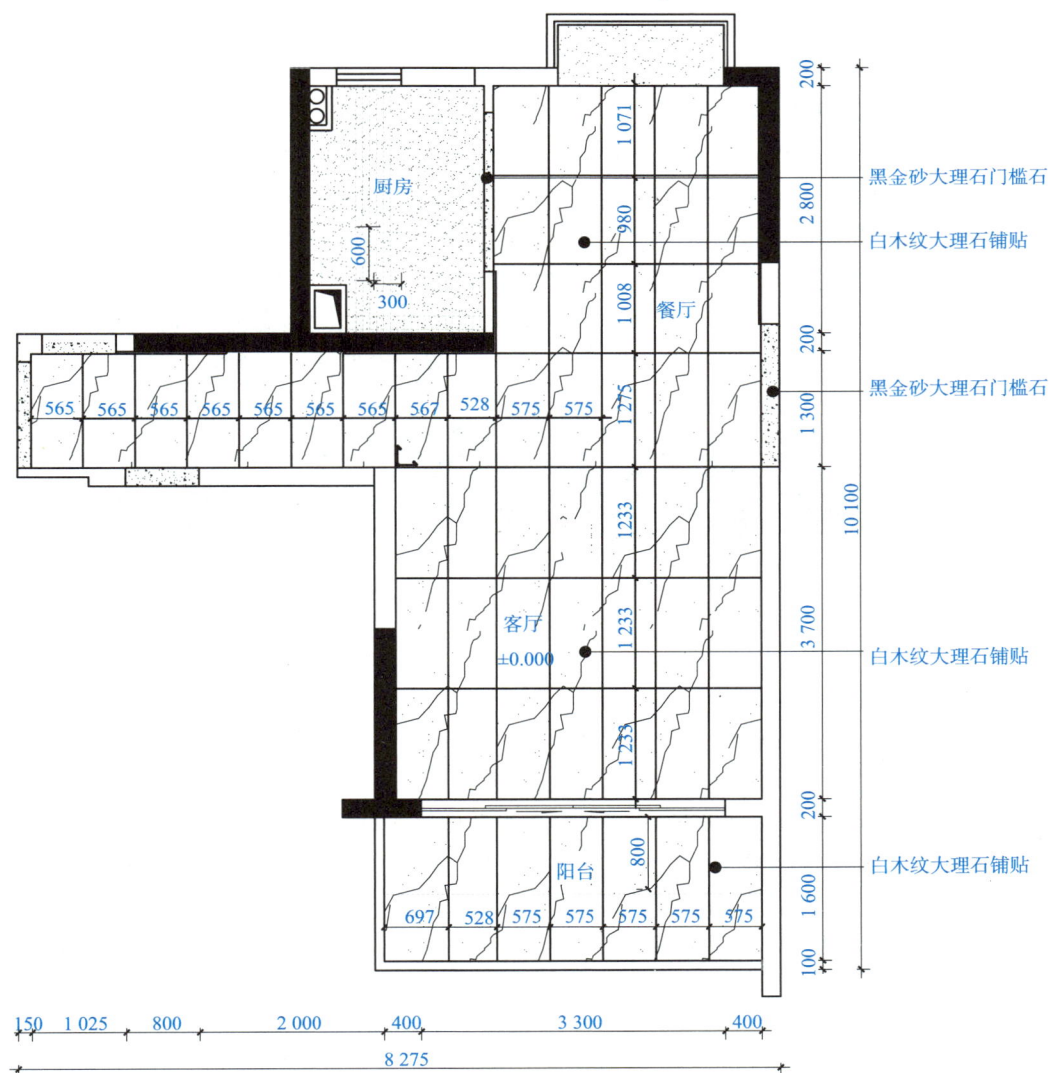

图 4.11　客厅地砖铺装平面图

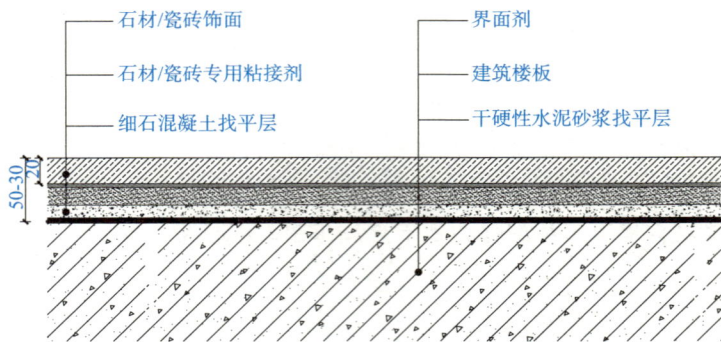

图 4.12　客厅地砖地面构造图

任务实施

一、施工准备

1. 材料准备及要求

(1)地砖、大理石石材、硅酸盐水泥、中砂、细砂。

(2)块材(地砖、石材)的品种、规格、质量、颜色应符合设计要求和施工验收规范要求,材质必须符合《天然大理石建筑板材》(GB/T 19766—2016)及《天然花岗石建筑板材》(GB/T 18601—2009)的相关规定,并有出厂合格证。

(3)板材有裂纹、掉角、翘曲和表面有缺陷时应予剔除,铺设前,应根据石材的颜色、花纹、图案、纹理等按设计要求,试拼编号。其允许偏差和外观要求见表 4.1。

表 4.1　大理石、花岗石板材质量要求

种类	允许误差/mm			外观要求
	长度、宽度	厚度	平整度最大偏差值	
花岗石板材	+0	±2	长度≥400　0.6	花岗石、大理石板材表面要求光洁、明亮、色泽鲜明,无刀痕旋纹,边角方正,无扭曲、缺角、掉边
大理石板材	−1	+1,−2	≥800　0.8	

2. 技术准备

(1)熟悉图纸,了解各部位尺寸和做法,弄清洞口、边角等部位,排石时注意非整块石材应放于边缘,不同材质的地面交接处应分开。

(2)工程技术人员编制地面施工技术方案,并向施工队伍做详尽的技术交底。

(3)各种进场原材料规格、品种、材质等符合设计要求,质量合格证明文件齐全,进场后进行相应的验收,需复试的原材料进场后必须进行相应复试验测,合格后方可以使用,并有相应的施工配合比通知单。

3. 施工机具准备

地砖切割机、铁抹子、钢卷尺、喷壶、皮锤、水桶等。

二、工艺流程

（1）地砖面层铺设工艺流程：基层清理→选砖→铺底灰→弹线找方→铺砖→养护。

（2）石材面层铺设工艺流程：基层清理→弹线、找标高→试拼试排→摊铺干硬性水泥砂浆→铺砂浆、石材专用胶粘剂→铺石材板材→擦缝、勾缝→清洁、养护。

三、施工工艺

以石材面层铺设为例，具体如下。

（1）基层清理：将地面垫层上的积灰、浮浆及杂物清理干净（图4.13）。

图4.13　基层清理

（2）弹线、找标高：确认施工图后进行现场测量，并将水平控制线及定位线标注在相应位置。将控制线引至墙角，作为检查和控制石材板块的准绳，如图4.14所示。

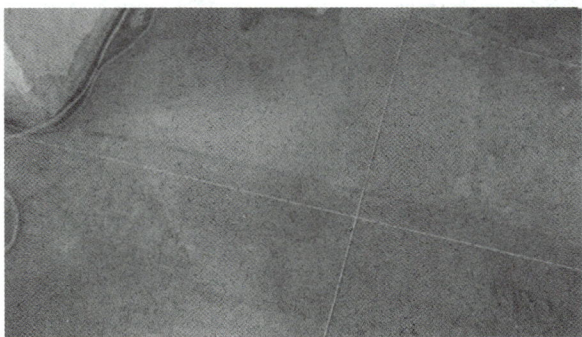

图4.14　弹出基准线

（3）试拼试排：在正式铺设前，对每一房间石材板块，应按图案、颜色、纹理试拼，试拼后按两个方向编号排列，然后码放整齐。

（4）摊铺干硬性水泥砂浆：在原砂浆找平层上面，采用配合比为1∶3（水泥、砂体积比）的干硬性水泥砂浆作为结合层，铺设厚度为10～15 mm。摊铺面积的大小应依据铺贴速度而定，如图4.15所示。

（5）铺砂浆、石材专用胶粘剂：根据水平线，定出地面找平层厚度，拉十字控制线，铺1∶3干硬性水泥砂浆（稠度以手捏成团，不松散为宜），用专用锯齿状批刀背面刮一层胶粘剂。铺贴顺序从里往门口处铺贴，厚度适当高出水平线2～3 mm。

(6)铺地砖块材：铺贴顺序先从室内里侧开始，按照试拼编号，依次铺贴，逐步推至门口，并用橡皮锤敲击木垫板，如图 4.16 所示。

图 4.15　摊铺干硬性水泥砂浆　　　　　　图 4.16　铺地砖块材

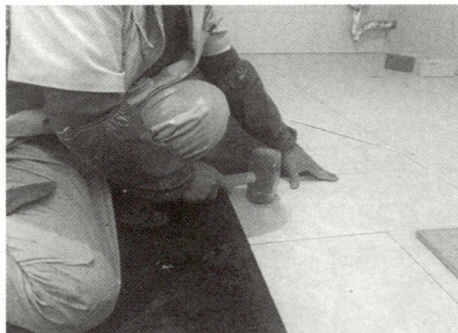

(7)擦缝、勾缝：铺贴完成 24 h 后，经检查石板表面无断裂、空鼓后，用专用大理石云石胶擦缝，用干布擦至无残灰、污迹为止，如图 4.17 所示。铺好石板后 2 d 内禁止行人和堆放物品。

(8)清洁、养护：当各工序完工不再上人时，方可清洁，达到光滑、洁净，如图 4.18 所示。

图 4.17　地砖铺贴勾缝　　　　　　图 4.18　地砖成品保护

四、施工质量验收标准

施工质量验收标准及检验方法严格按照《建筑装饰装修工程质量验收标准》(GB 50210—2018)第 9.2.1～9.2.9 条执行。具体见表 4.2。

表 4.2　块材安装的允许偏差和检验方法

项次	项目	允许偏差/mm			检验方法
		光面	剁斧石	蘑菇石	
1	立面垂直度	2	3	3	用 2 m 垂直检测尺检查
2	表面平整度	2	3	—	用 2 m 靠尺和塞尺检查
3	阴阳角方正	2	4	4	用 200 mm 直角检测尺检查

项次	项目	允许偏差/mm			检验方法
		光面	剁斧石	蘑菇石	
4	接缝直线度	2	4	4	拉 5 m 线，不足 5 m 拉通线，用钢直尺检查
5	墙裙、勒脚上口直线度	2	3	3	
6	接缝高低差	1	3	—	用钢直尺和塞尺检查
7	接缝宽度	1	2	2	用钢直尺检查

五、施工注意事项

(1)运输大理石板块和水泥砂浆时，应采取措施防止碰撞已做完的墙面、门口等。

(2)在铺贴地砖或大理石板的过程中，操作人员应随铺随用干布擦净地砖或大理石上面的水泥痕迹。

(3)施工机械、施工用电使用遵守安全技术规程、规范。

(4)对施工过程资料、检测数据及现场记录应及时整理归档。

任务小结

1. 石材面层铺设工艺流程：基层清理→弹线、找标高→试拼试排→摊铺干硬性水泥砂浆→铺砂浆、石材专用胶粘剂→铺石材板材→擦缝、勾缝→清洁、养护。

2. 块材面层质量检测标准：表面平整，缝格平直，接缝高低差允许偏差为 0.5 mm，地脚线上口平直，板块间缝隙宽度不大于 1 mm。

课后训练

填空题

1. 地砖铺贴之前需将地面垫层上的_____、_____及_____清理干净。

2. 确认地面铺贴施工图后进行现场测量，并将_____及_____标注在相应位置。

3. 在正式铺设地砖前，对每一房间石材板块，应按_____、_____、_____试拼，试拼后按两个方向编号排列，然后码放整齐。

4. 地砖铺贴完成 24 h 后，经检查石板表面无_____、_____后，用_____擦缝，用干布擦至无残灰、污迹为止。

5. 铺好石板后 2 d 内禁止_____和_____。

地面砖铺贴施工工艺

>> 任务三　实木地板地面施工

实木地板是天然木材经烘干、加工后形成的地面装饰材料。它呈现出的天然原木纹理和色彩图案给人以自然、柔和、富有亲和力的质感，同时冬暖夏凉、触感好的特性使其成为卧室、客厅、书房等空间地面装修的理想材料，如图 4.19 所示。

白橡木

美国红橡

水曲柳

白蜡木

图 4.19　实木地板

👤 任务目标

1. 了解实木地板地面工程的施工准备内容；
2. 掌握实木地板地面工程的施工工艺流程；
3. 熟知实木地板地面工程质量检查、验收标准；
4. 能够编写实木地板地面工程的施工方案；
5. 能够绘制实木地板地面工程细部构造节点施工图。

👤 任务内容

1. 任务描述：某家装卧室为满足装饰及使用要求，计划对其进行实木地板铺装。要求实木地板铺装施工顺序正确，工艺符合施工质量验收规范的要求。

2. 参考图纸：卧室空间地面铺装平面图，如图 4.20 所示；卧室空间实木地板地面构造图，如图 4.21 所示。

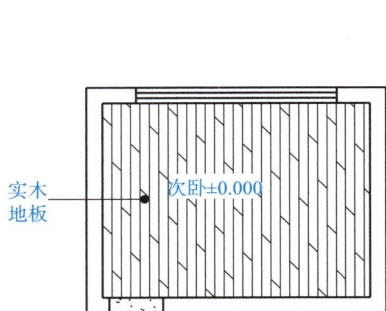

图 4.20 卧室空间地面铺装平面图

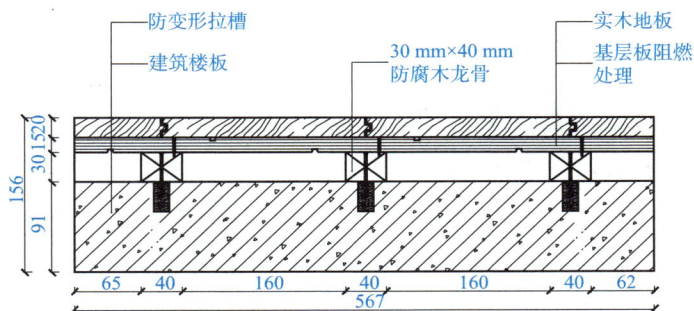

图 4.21 卧室空间实木地板地面构造图

任务实施

一、施工准备

1. 材料要求

（1）实施条件。

1）实木地板的质量应符合规范和设计要求，铺装前，应得到业主对地板质量、数量、品种、花色、型号、含水率、颜色、油漆、尺寸偏差、加工精度、甲醛含量等的验收认可。

2）认真审核图纸，结合现场尺寸进行深化设计，确定铺装方法、拼花、镶边等，并经监理、建设单位认可。

3）根据选用的板材和设计图案进行试拼试排，达到尺寸精确、均匀美观。

4）选定的样品板材应封样保存。提前做好样板间或样板块，经监理、建设单位验收合格。

（2）材料选择。实木地板铺装的材料主要包括实木地板、木龙骨、垫木、剪刀撑、防腐剂、防火涂料、胶粘剂、镀锌钢丝、地板钉、膨胀螺栓、镀锌木螺钉、隔声材料等（详见附件 2）。

2. 施工机具准备

（1）电动机具：多功能木工机床、刨地板机、磨地板机、平刨、压刨、小电锯、冲击钻。

（2）手动工具：斧子、冲子、凿子、手锯、手刨、锤子、墨斗、錾子、扫帚、钢丝刷、气枪钉、割角尺。

（3）检测工具：水准仪、水平尺、方尺、钢尺、靠尺。

二、工艺流程

基层清理→弹线→铺装木龙骨→铺钉毛地板→铺钉实木地板→刨平、磨光→安装踢脚板。

三、施工工艺

1. 基层清理

将基层上的砂浆、垃圾等彻底清扫干净，或用吸尘器清理，如图 4.22 所示。

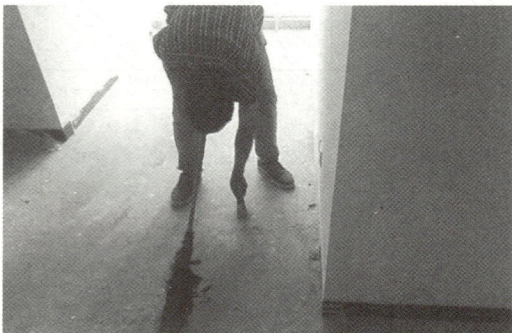

图 4.22　基层清理

2. 弹线

确定地板铺设放线，一般朝南房间，以南北方向为主，即地板竖向对着阳光照射进来的方向，也就是地板南北向铺设最为常见。弹出木龙骨水平标高控制线及龙骨横向排布线，木龙骨间距不大于 400 mm。

3. 铺装木龙骨

(1)木龙骨的铺装有实铺法和空铺法两种。

1)实铺法：楼层木地板的铺设，通常采用实铺法施工。用电钻在木龙骨上开孔，用膨胀螺栓、角码固定木龙骨或采用预埋在楼板的钢丝绑扎。木龙骨表面应平直，否则在底部砍削找平，刷防火涂料及防腐处理。实铺法中木龙骨被加工成梯形，可以节省木料，有利于稳固，也可采用 3 cm×4 cm 木龙骨，接头采用平接头，接头处用双面木夹板，每面钉牢。木龙骨直接设置横撑，横撑的含水率不高于 18％，间距为 800 mm，与龙骨垂直相交，用钢钉固定。

2)空铺法：首层楼地面常采用空铺法。在地垄墙上垫放通长的压沿木或垫木，用预埋在地垄墙上的钢丝绑扎拧紧，绑扎固定间距不大于 300 mm，接头采用平接，相邻接头的钢丝分别在接头处两端 150 mm 以内，防止接头松动。在压沿木或垫木上画出各龙骨的中线，将龙骨对准中线，端头离开墙面 30 mm，木龙骨一般与地垄墙垂直布置，间距为 400 mm。龙骨摆正后，在龙骨上按剪刀撑的间距弹线，然后按线将剪刀撑钉于龙骨侧面，同一行剪刀撑腰对齐顺线，上口齐平。

(2)龙骨间隙处理。龙骨端头距墙面留置 10 mm 间隙，沿龙骨方向，邻墙龙骨侧面距墙面留置 10～20 mm 间隙，最后一根龙骨与墙面间距无法留置 10～20 mm 间隙时，则最大间隙不得超过 50 mm。龙骨与龙骨接缝留置 3～5 mm 间隙，相邻龙骨接缝的间距须大于等于 500 mm。

(3)锤击式膨胀钉距龙骨端头小于等于 100 mm，钉与钉间距小于等于 380 mm。锤击式膨胀钉的规格为 M10×100，如因特殊情况地面不做找平层，且龙骨组做垫高处理，考虑到楼板厚度，为避免打穿，也可以使用 M10×80 规格的锤击式膨胀钉，如图 4.23 所示。

图 4.23　铺装木龙骨

4. 铺钉毛地板

实木地板有单层和双层两种，单层是将条形实木地板直接钉牢在木龙骨上，实板条和木龙骨垂直铺设，木龙骨之间填充保温棉。双层是在木龙骨上先钉一层毛地板，再钉实木条板。

毛地板采用较窄的松木、杉木板条，宽度不大于 120 mm，毛地板与木龙骨成 30°或 45°角斜向铺设，铺设毛地板时，木材髓心朝上，板缝不大于 3 mm，与墙直接留 10～20 mm 的缝隙。毛地板用铁钉与龙骨钉紧，宜选用长度为板厚 2～2.5 倍的钢钉，每块毛地板应在每根龙骨上各钉两个钉子，将钉帽砸扁，冲进板面 2 mm，相邻板条的接缝要错开。

5. 铺钉实木地板

单层实木地板，在木龙骨完成后即进行板条铺钉，双层实木地板在毛地板完成后，为防止使用中发生响声和潮气侵蚀，在毛地板上干铺一层防水卷材。铺设时从距门口较近的墙边开始铺钉企口条板，靠墙的一块板应离墙面 10～20 mm，用木楔临时固定。用地板钉从板侧企口处斜向钉入，钉长为板厚的 2～2.5 倍，钉帽砸扁冲入板面 2 mm，板端接缝应错开，每铺设 600～800 mm 宽应拉线找直修整，板缝宽不大于 0.5 mm，如图 4.24 所示。

图 4.24　铺钉实木地板

6. 刨平、磨光

地板刨光宜采用刨光机，转速在 5 000 r/min 以上。长条地板应顺木纹刨，拼花地板应

小于 1.5 mm，要求无刨痕。机器刨不到的地方要用手刨，并用细刨净面。地板刨平后，用纱布磨光，所用纱布应先粗后细，纱布应绷紧绷平，磨光方向及角度与刨光反向相同。

7. 安装踢脚板

踢脚板的厚度应以能压住实木地板与墙的缝隙为准，一般厚度为 15 mm，以钉固定。木踢脚板应提前刨光，背面开成凹槽，以防翘曲，并每隔 750 mm 钻孔打入防腐木砖，防腐木砖外面钉防腐木块，把踢脚板用钉子钉牢在木块上，将钉帽砸扁冲入板面，踢脚板板面应垂直上口水平。在踢脚板阴阳角交接处钉三角木条，以盖住缝隙，木踢脚板阴阳角处切割成 45°拼装，踢脚板的接头应固定在防腐木块上，如图 4.25 所示。

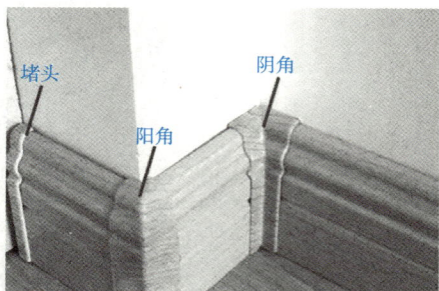

图 4.25　安装踢脚板

四、施工质量验收标准

实木地板面层的质量标准和检验方法，见表 4.3。

表 4.3　实木地板面层的质量标准及检验方法

项目	项次	质量要求	检验方法
主控项目	1	实木地板面层铺设时的木材含水率必须符合设计要求，木格栅、垫木和毛地板等必须做防腐、防蛀处理	观察检查和检查材质合格证明文件和检测报告
	2	木格栅安装应牢固、平直	观察，脚踩检查
	3	面层铺设应牢固，无空鼓	观察，脚踩或用小锤轻击检查
一般项目	4	实木地板面层应刨平、磨光，无明显刨痕和毛刺等现象；图案清晰，颜色均匀一致	观察，手摸和脚踩检查
	5	面层缝隙应严密，接头位置应错开，表面洁净	观察检查
	6	拼花地板接缝应对齐，粘钉严密；缝隙宽度均匀一致；表面洁净，无溢胶	观察检查
	7	踢脚板表面应光滑，接缝严密，高度一致	观察和尺量检查

施工质量验收标准及检验方法严格按照《建筑装饰装修工程质量验收标准》（GB 50210—2018）第 9.4.1～9.4.6 条执行，具体见表 4.4。

表 4.4　实木地板安装的允许偏差及检验方法

项次	项目	允许偏差/mm	检验方法
1	立面垂直度	2	用 2 m 垂直检测尺检查
2	表面平整度	1	用 2 m 靠尺和塞尺检查
3	阴阳角方正	2	用 200 mm 直角检测尺检查
4	接缝直线度	2	拉 5 m 线，不足 5 m 拉通线，用钢直尺检查
5	墙裙、勒脚上口直线度	2	拉 5 m 线，不足 5 m 拉通线，用钢直尺检查
6	接缝高低差	1	用钢直尺和塞尺检查
7	接缝宽度	1	用钢直尺检查

1. 实木地板地面工程的工艺流程：基层清理→弹线→铺装木龙骨→铺钉毛地板→铺钉地板→刨平、磨光→安装踢脚板。

2. 实木地板质量检测标准：实木地板面层铺设时的木材含水率必须符合设计要求，木格栅、垫木和毛地板等必须做防腐、防蛀处理；木格栅安装应牢固、平直；面层铺设应牢固、无空鼓；实木地板面层应刨平、磨光，无明显刨痕和毛刺等现象；图案清晰，颜色均匀一致；面层缝隙应严密，接头位置应错开，表面洁净；拼花地板接缝应对齐，粘钉严密；缝隙宽度均匀一致；表面洁净、无溢胶；踢脚板表面应光滑，接缝严密，高度一致。

课后训练

填空题

1. 铺装实木地板时，弹出木龙骨上_____线及龙骨_____线，木龙骨间距不大于_____ mm。

2. 实铺法中木龙骨被加工成梯形(燕尾龙骨)，可以_____，有利于_____，也可采用 3 cm×4 cm 木龙骨；木龙骨直接设置_____，其含水率不高于18%，间距为 800 mm，与龙骨垂直相交，用铁钉固定。

3. 龙骨端头距墙面留置_____mm 间隙，龙骨与龙骨接缝留置_____mm间隙，相邻龙骨接缝的间距须大于等于 500 mm。

4. 铺设毛地板时，木材髓心朝上，板缝不大于_____ mm，与墙直接留_____ mm 的缝隙。

5. 木踢脚板阴阳角处切割成_____拼装。

任务四　地毯地面施工

地毯具有吸声、保温、隔热、防滑、弹性好、脚感舒适和施工方便等特点，给人以华丽、高雅、温暖的感觉。地毯的铺设一般有固定式和活动式两种方法。

任务目标

1. 了解地毯地面工程的施工准备内容；
2. 掌握地毯地面工程的施工工艺流程；
3. 熟知地毯地面工程的质量检查、验收标准；
4. 能够编写地毯地面工程的施工方案；
5. 能够绘制地毯地面工程的细部构造节点施工图。

1. 任务描述：为满足装饰及使用要求，计划对某办公空间进行地毯铺装。要求地毯铺装平整，无翘边、起卷、脱落等现象，施工顺序正确，工艺符合施工质量验收规范的要求。

2. 参考图纸：办公空间地毯铺装平面图，如图 4.26 所示；办公空间地面构造图，如图 4.27 所示。

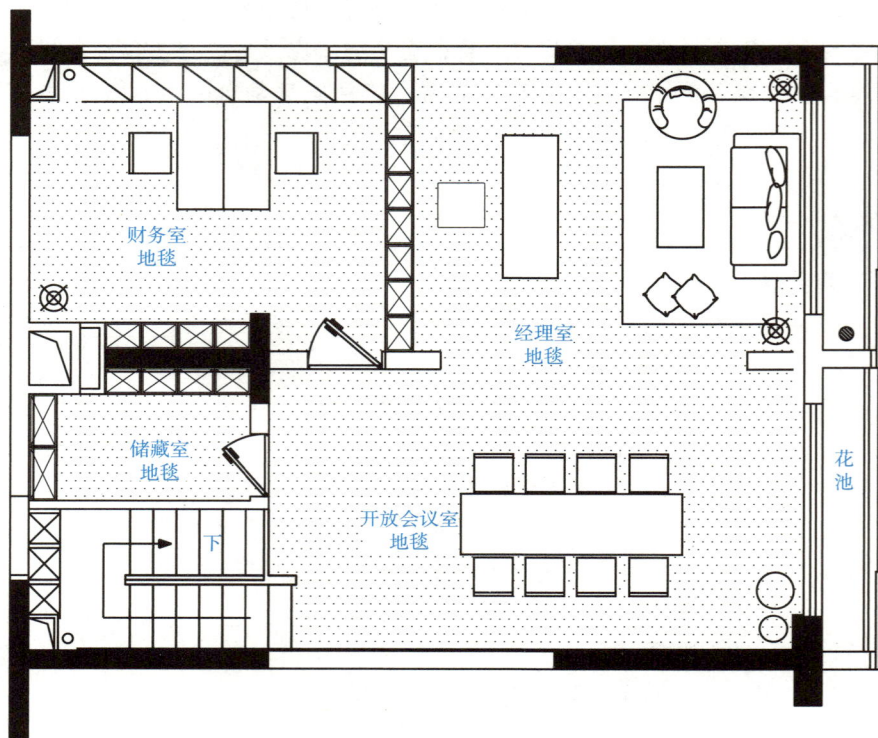

图 4.26　办公空间地毯铺装平面图

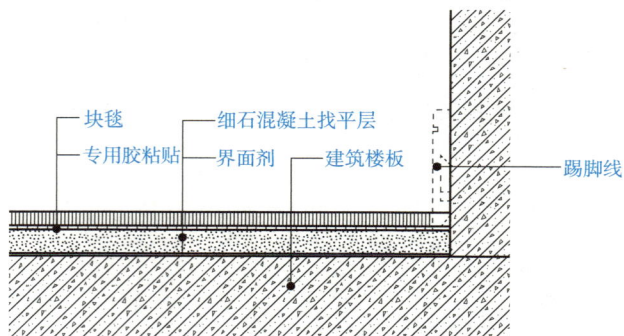

图 4.27　办公空间地面构造图

一、施工准备

1. 材料要求

(1)实施条件。

1)在铺装地毯前,室内其他装饰分项必须施工完毕。

2)地毯基层必须做防潮层,要求表面平整,具有一定的强度,含水率不高于8%。

3)地毯、衬垫和胶粘剂等进场后检查其数量、品种、规格、颜色等是否符合设计要求。

4)大面积施工前应在施工区域做施工大样,并完成样板,经质量检验部门鉴定合格后按照样板的要求进行施工。

(2)材料选择。地毯、地垫、胶粘剂、倒刺钉板条、铝合金倒刺条、铝压条等(详见附件2)。

2. 施工机具准备

(1)手动工具:地毯撑、扁铲、割刀、剪刀、尖嘴钳子、钢尺等。

(2)电动机具:裁边机、手电钻、吸尘器、熨斗等。

二、工艺流程

基层清理→弹线分格、定位→地毯裁剪→钉倒刺板→铺弹性垫层→地毯拼缝→找平→固定收边→细部处理。

三、施工工艺

(1)基层清理:将铺装地毯的地面清理干净,保证地面干燥,并且要有一定的强度。检查地面的平整度偏差不大于4 mm,地面含水率不得高于8%,满足要求后进行下一道工序。

(2)弹线分格、定位:严格按照设计图纸要求对房间各个部分和房间的具体要求进行弹线分格、定位。如设计无要求,则按照房间对称找中并弹线定位。

(3)地毯裁剪:地毯裁剪应在比较宽阔的地方统一进行,并按照房间的实际尺寸,计算地毯裁剪尺寸。要求在地毯背面弹线、编号。原则是地毯的经线方向应与房间长向一致。地毯的每一边长度应比实际尺寸长出2 cm左右,如图4.28所示,按照裁剪好的地毯卷边编号,存放在相应的房间位置。

(4)钉倒刺条:沿房间墙边或走道四周的踢脚板边缘,用高强度水泥钉将倒刺板固定在基层上,如图4.29所示,水泥钉长度一般为4~5 cm,倒刺板离踢脚板面8~10 mm。钉倒刺板应用钢钉,相邻两个钉子的距离控制为300~400 mm,钉倒刺板时应注意不得损伤踢脚板。

图 4.28　地毯裁剪	图 4.29　钉倒刺条

　　(5)铺弹性垫层：垫层应按照倒刺板的净间距下料，避免铺设后垫层褶皱、覆盖倒刺板或远离倒刺板。设置垫层拼缝时应考虑到与地毯拼缝至少错开150 mm。衬垫用点粘方式粘贴在地面上。

　　(6)地毯拼缝：拼缝前要判断好地毯的编制方向，避免缝两边的地毯绒毛排列方向不一致。地毯缝用地毯胶带连接，在地毯拼缝位置的地面上弹一条直线。按照线将胶带铺好，两侧地毯对缝压在胶带上，然后用熨斗在胶带上熨烫，使胶层熔化，随熨斗的移动立即把地毯压紧在胶带上。对缝时用剪刀将接口处的绒毛修齐，如图 4.30 所示，地毯收边构造如图 4.31 所示。

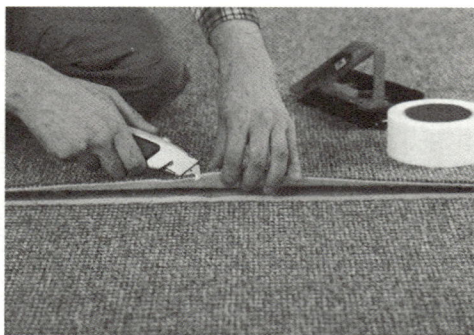

图 4.30　地毯拼缝

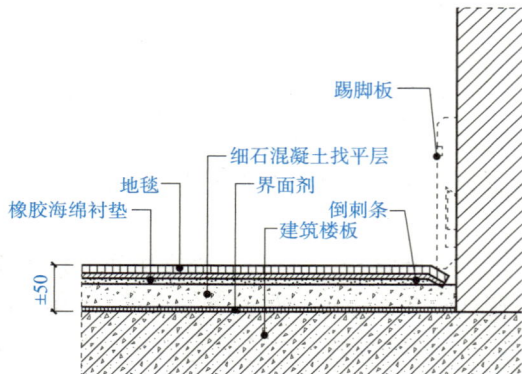

图 4.31　地毯收边构造

　　(7)找平：将地毯的一条长边固定在倒刺板上，并将毛边塞到踢脚板下，用地毯撑拉伸地毯，如图 4.32 所示。拉伸时，先压住地毯撑，用膝撞击地毯撑，从一边一步一步拉紧找平。如此反复操作，将四边的地毯固定在四周的倒刺板上，并将长出部分裁切。

　　(8)固定收边：将地毯挂在倒刺板上后轻轻敲击一下，使倒刺板全部勾住地毯，避免挂不实而引起地毯松弛。地毯全部展平拉直后应把多余的地毯边裁去，再用地毯扁铲(如图 4.33 所示)将地毯边缘塞进踢脚板和倒刺板之间。当地毯下无衬垫时，可在地毯的拼缝处和边缘处采用麻布带和胶粘剂粘结固定。

图 4.32　地毯撑

图 4.33　地毯扁铲

（9）细部处理：施工时要注意门口压条的处理和门框、走道与门厅等不同部位、不同材料的衔接收口处理，图 4.34 所示为铝合金收口条做法。铺设完成后，接缝、收边裁下的边料应清扫干净，并用吸尘器将地毯表面全部吸一遍，如图 4.35 所示。

图 4.34　铝合金收口条做法

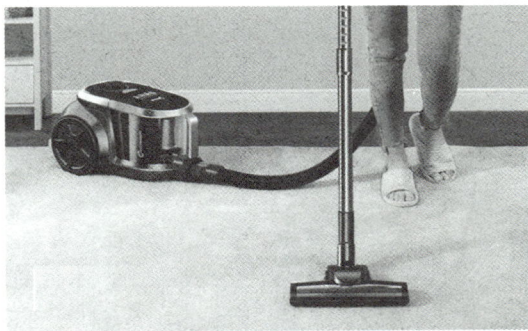

图 4.35　清洁地毯

四、施工质量验收标准

地毯面层的质量标准和检验方法，见表 4.5。

表 4.5　地毯面层的质量标准准和检验方法

项目	项次	质量要求	检验方法
主控项目	1	规格、颜色、花色、胶料和辅料及其材质必须符合设计要求和国家现行地毯产品标准规定	观察检查，检查材质合格记录
	2	地毯表面应平整，拼缝处粘贴牢固、严密平整、图案吻合	观察检查
一般项目	3	地毯表面不应起鼓、起皱、翘边、卷边、显拼缝、露线和出现毛边，绒面毛顺光一致，毯面干净，无污染和损伤	观察检查
	4	地毯同其他面层连接处、收口处和墙边、柱子周围应顺直、压紧	观察检查

任务小结

1. 地毯地面工程的工艺流程：基层清理→弹线分格、定位→地毯裁剪→钉倒刺板→铺弹性垫层→地毯拼缝→找平→固定收边→细部处理。

2. 地毯质量检测标准：规格、颜色、花色、胶料和辅料及其材质必须符合设计要求和国家现行地毯产品标准规定；地毯表面应平服，拼缝处粘贴牢固、严密平整、图案吻合；地毯表面不应起鼓、起皱、翘边、卷边、显拼缝、露线和出现毛边，绒面毛顺光一致，毯面干净，无污染和损伤；地毯同其他面层连接处、收口处和墙边、柱子周围应顺直、压紧。

课后训练

填空题

1. 将铺装地毯的地面清理干净，保证地面干燥，并且要有一定的强度。检查地面的平整度偏差不大于_____mm，地面含水率不得高于_____%，满足要求后进行下一道工序。

2. 地毯裁剪应在比较宽阔的地方统一进行，并按照房间的实际尺寸，计算地毯裁剪尺寸，要求在地毯背面_____、_____。

3. 沿房间墙边或走道四周的踢脚板边缘，用高强度水泥钉将倒刺条（倒刺条的钉朝墙方向）固定在基层上，水泥钉长度一般为_____cm，倒刺板离踢脚板面_____mm；钉倒刺板应用钢钉，相邻两个钉子的距离控制为_____mm。

4. 垫层应按照倒刺板的净间距下料，避免铺设后垫层_____、覆盖倒刺板或远离倒刺板。设置垫层拼缝时应考虑到与地毯拼缝至少错开_____mm。

5. 当地毯下无衬垫时，可在地毯的拼缝处和边缘处采用_____和_____粘结固定。

>> 任务五 塑胶地板地面施工

塑胶地板是指由高分子树脂及其助剂通过适当的工艺所制成的片状地面覆盖材料。其按所用树脂种类分为聚氯乙烯塑料地板、氯乙烯-醋酸乙烯塑料地板、聚乙烯-聚丙烯塑料地板3种，目前绝大部分塑胶地板属于第一种；按生产工艺分为压延法塑料地板、热压法塑料地板和涂布法塑料地板等；按外形分为块状塑料地板和塑料卷材地板。现在多以第三种分类方式命名塑胶地板。

任务目标

1. 了解塑胶地板地面工程的施工准备内容；
2. 掌握塑胶地板地面工程的施工工艺流程；
3. 熟知塑胶地板地面工程质量检查、验收标准；
4. 能够编写塑胶地板地面工程施工方案；
5. 能够绘制塑胶地板地面工程细部节点施工图。

任务内容

1. 任务描述：为满足装饰及使用要求，计划对某家装卧室进行塑胶地板铺装。要求塑胶地板铺贴平整、光滑，无翘边、脱胶、开裂、溢胶现象。施工工艺符合施工质量验收规范的要求。

2. 参考图纸：卧室空间塑胶地板铺装平面图，如图4.36所示；卧室空间塑胶地板地面构造图，如图4.37所示。

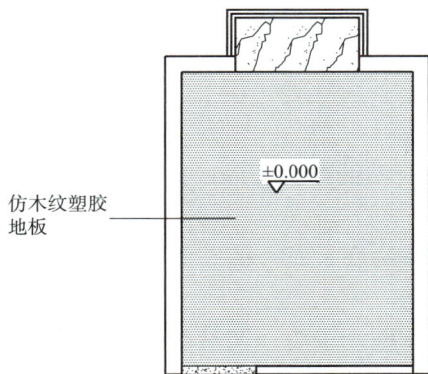

图 4.36　卧室空间塑胶地板铺装平面图

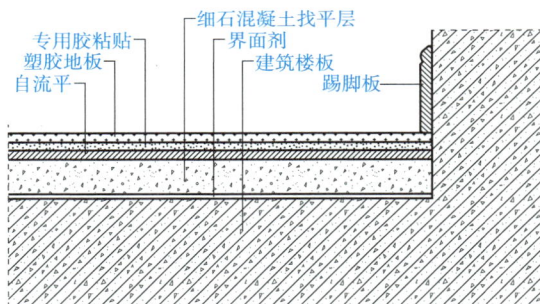

图 4.37　卧室空间塑胶地板地面构造图

任务实施

一、施工准备

1. 实施条件

(1)墙面和顶棚装饰工程已完成，水、电、暖通等安装工程已安装调试完毕，并验收合格，基层含水率低于10%。

(2)合理解决与其他工种施工在时间和空间上的矛盾，减少与其他工序的穿插，以防板面污染和损坏。

(3)塑胶地板已进场，并经脱脂处理，其他性能符合设计及相关规范要求。

(4)墙体踢脚处预留木砖位置已标出。

2. 材料准备

(1)塑胶地板：常用的由聚氯乙烯塑胶地板块、卷材、聚化聚乙烯卷材等制成，厚度为 1.5～6 mm。

（2）胶粘剂：胶粘剂一般与地板配套使用，包括水乳型和溶剂型两类，常用的有溶剂型氯丁橡胶胶粘剂、202 双组分氯丁橡胶胶粘剂、聚醋酸乙烯胶粘剂等。各种胶粘剂必须经过充分搅拌方可使用。双组分胶粘剂要先将各组分分别搅拌均匀，然后按规定的配合比称量混合，再次充分搅拌均匀，方可使用。

（3）焊条：宜选用等边三角形或圆形截面产品。

（4）水泥乳胶：水泥乳胶的配合比为水泥：108 胶：水＝1：(0.5～0.8)：(6～8)，主要用于涂刷基层表面，增强整体性和胶结层的粘结力。

（5）腻子：有石膏液腻子和滑石粉乳液腻子，石膏乳液腻子用于基层第一道嵌补找平，滑石粉乳液腻子用于基层第二道修补找平。

（6）底子胶：应用原胶配制，如采用非水溶型胶粘剂时，底子胶按原胶粘剂质量加10％的醋酸乙烯，采用水乳型乳胶粘剂时，适当加水稀释。

（7）脱脂剂：一般采用丙酮与汽油混合。

3. 施工机具准备

梳形刮、橡皮滚筒、割刀、橡皮锤、划线器、墨斗、划针、方尺、刷子、砂袋、调压变压器、空气压缩机、焊枪、刨刀等。

二、工艺流程

塑胶地板施工时可根据铺贴方式的不同，采用胶粘铺贴法和焊接铺贴法。两类施工方法的工艺流程如下。

（1）胶粘铺贴法：基层处理→弹线分格→试铺→刷底子胶→铺贴塑料板块→铺贴踢脚板→擦光上蜡。

（2）焊接铺贴法：基层处理→弹线分格→试铺→刷底子胶→铺贴塑料板块→坡口下料→焊接→焊缝切割、修整。

三、施工工艺

为方便叙述，现将胶粘铺贴法与焊接铺贴法施工工艺合并介绍。

（1）基层处理：把沾在基层上的浮浆、落地灰等用錾子或钢丝刷清理掉，再用扫帚将浮土清扫干净，如图 4.38 所示。用水泥自流平地面找平，养护至达到强度要求。用清水冲洗，不允许残留白灰。将基层处理平整、结实、有足够强度且表面干燥状态，如图 4.39 所示。用 2 m 直尺检查基层表面平整度，其空隙不得超过 2 mm，误差较大时必须用水泥砂浆找平。

（2）弹线分格：将房间依照塑胶板块的尺寸，排出塑料板块的防止位置，并在地面弹出十字控制线和分格线。塑胶板块弹线定位一般有两种方式：一种是接缝与墙面平行，称为直角定位法；另一种是接缝与墙面成 45°角，称为对角定位法。弹线应以房间中心点为中心，弹出相互垂直的两条定位线，分格、定位时，应距墙边留出 200～300 mm 以做镶边。

图 4.38 铲除浮浆

图 4.39 水泥自流平地面施工完毕

（3）试铺：铺贴塑胶地板前，应按定位图和弹线位置进行试铺，如图 4.40 所示。试铺合格后，按顺序编号，然后将塑胶地板掀起按编号放好。在试铺塑胶地板时沿地板的直线或曲线裁剪，如图 4.41 所示。

图 4.40 试铺塑胶地板

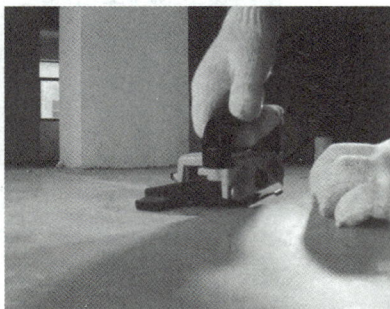

图 4.41 裁切塑胶地板

（4）刷底子胶：采用油漆刷涂刷，涂刷要薄而均匀，不得漏刷，如图 4.42 所示。

（a）

（b）

图 4.42 刷底子胶

（a）将一端卷折起来；（b）地面刷胶

（5）铺贴塑胶板块。

1）涂胶粘剂：底子胶干燥后，按弹线位置沿轴线由中央向四面铺贴塑胶地板。将塑胶地板背面用干布擦净，在铺设塑胶板块的位置和塑胶板块的背面各涂刷一道胶。在涂刷基层时，应超出分格线 10 mm，涂刷厚度应小于 1 mm。在粘贴塑胶板块时，应以胶干燥至不粘手为宜，按已弹好的线铺贴，应一次就位准确，粘贴密实。基层涂刷胶粘剂时，面积不得过大，要随贴随刷。

2）粘贴顺序：铺贴塑料板块时应在房间中间按照十字线铺设十字控制板块，之后按照十字控制板块向四周铺贴，并随时用 2 m 靠尺和水平尺检查平整度。大面积铺贴时应分段、分部位铺贴。

3）粘贴：将塑料板块背面用干布擦净，在铺贴塑料板块的位置和塑料板块的背面各涂刷一道胶。在涂刷基层时，应超出分格线 10 mm，涂刷厚度应小于 1 mm。在粘贴塑料板块时，应以胶干燥至不粘手为宜，按已弹好的线铺贴，一次就位准确，粘贴密实，如图 4.43 所示。基层涂刷胶粘剂时，面积不得过大，要随贴随刷，粘贴挤出的余胶应及时擦净。

图 4.43　粘贴塑胶地板

4）焊接塑料板块：当板块缝隙需要焊接时，宜在 48 h 以后施焊，也可先焊后铺贴。焊条成分、性能要与被焊板块的性能相同。塑料板块拼缝处应做 V 形坡口，并保证坡口平直，宽窄与角度一致，如图 4.44 所示。施焊时，按两人一组，一人持焊枪施焊，另一人用压辊压焊缝。在焊接过程中，焊嘴、焊条、焊缝应保证在同一平面，并垂直于塑料板面，如图 4.45 所示。焊接完成后，焊缝冷却至室温时，对焊缝进行修整，用刨刀将突出板面部分切削平，如图 4.46 所示。当焊缝有烧焦或焊接不牢的现象时，应切除焊缝，重新施焊。

图 4.44　塑胶地板留缝

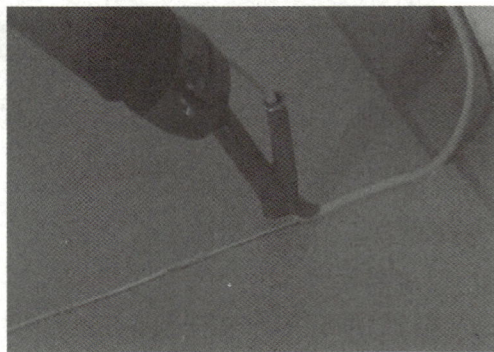

图 4.45　塑胶地板焊缝

5)铺贴踢脚板：地面铺贴完成后再粘贴踢脚板，踢脚板铺贴前，应在踢脚板上口标高处弹水平线，然后在踢脚板和墙面上分别涂胶，胶不粘手时即可进行铺贴。铺贴一般从门口开始，遇阴角时，应正确量取尺寸，在踢脚板下口减去一个三角切口，以保证粘贴平整。

6)擦光上蜡：铺贴完塑料及其踢脚板后，必须用软布蘸松香水灰或其他溶剂擦除表面残留胶液并晾干。整个地面粘贴完毕后，用大压辊压平，如图 4.47 所示。擦好后的地面用已配好的软蜡上光，满涂 1～2 遍，还可掺 1%～3% 与地板同色的颜料，待稍干后，用干净的软布擦拭，如图 4.48 所示。

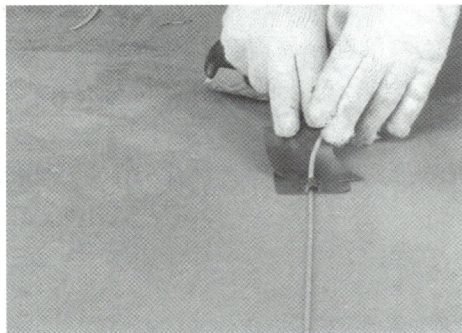

图 4.46　铲除突出部分焊条

图 4.47　用压辊压平

图 4.48　铺贴完毕后清理干净

对于卷材塑料的铺贴，与板块式塑料地板施工工艺基本相同，只是在铺贴时按已计划好的卷材铺贴方向及房间尺寸裁料，按铺贴的顺序编号铺贴。刷胶铺贴时，将卷材的一边对准所弹的尺寸线铺平，再用压辊从中间向两遍压实，要求对线连接平顺，不卷不翘。铺贴第二层卷材时采用与第一层卷材搭接的方法，搭接宽度不小于 20 mm，对好花纹，按以上方法完成铺贴。

四、施工质量验收标准

(1)塑胶地板面层所用的塑料板块和卷材的品种、规格、颜色、等级应符合设计要求和现行国家标准的规定。检验方法：检查合格证明文件及检测报告。

（2）面层与下一层的粘结应牢固，不翘边、不脱胶、无溢胶。塑料板面层应采用塑料板块材、塑料卷材以胶粘剂在水泥类基层上铺设。检验方法：观察检查和用敲击及钢尺检查。

注：卷材局部脱胶处面积不大于 20 cm²，且相隔间距不小于 50 cm 可不计；单块板块料边角局部脱胶且每自然间不超过总数的 5% 可不计。

（3）水泥类基层表面应平整、坚硬、干燥、密实、洁净、无油脂及其他杂质，不得有麻面、起砂、裂缝等缺陷。

（4）塑料板面层应表面洁净，图案清晰，色泽一致，接缝严密、美观，拼缝处的图案、花纹吻合，无胶痕；与墙边交接严密，阴阳角收边方正。检验方法：观察检查。

（5）板块的焊接应平整、光洁，无焦化变色、斑点、焊瘤和起鳞等缺陷，其凹凸允许偏差为 ±0.6 mm。焊缝的抗拉强度不得小于塑料板强度的 75%。检验方法：进行观察检查并检查检测报告。

（6）镶边用料应尺寸准确、边角整齐、拼缝严密、接缝顺直。检验方法：用钢尺检查和观察检查。

（7）塑胶地板面层允许偏差及检验方法见表 4.6。

表 4.6 塑胶地板面层允许偏差及检验方法

项次	检验项目	面层允许偏差/mm	检验方法
1	表面平整度	2.0	用 2 m 靠尺和楔形塞尺检查
2	缝格平直	3.0	拉 5 m 通线，不足 5 m 拉通线，用钢尺检查
3	接缝高低差	0.5	用钢尺及楔形塞尺检查
4	踢脚线上口平直	2.0	拉 5 m 通线，不足 5 m 拉通线，用钢尺检查

五、施工注意事项

（1）塑料地面铺贴完成后，现场应设专人看管，非工作人员不得入内，必须进入室内工作时，应穿拖鞋。

（2）塑料地面按铺贴完成后应及时覆盖塑料薄膜加以保护，以防污染。严禁在面层上放置油漆容器。

（3）后续工种所用的木梯、凳腿下端，要包泡沫塑料或软布保护，防止划伤已完工的地面。

（4）严禁 60 ℃以上的热源直接接触塑料地面，以防地板变形、变色。

（5）塑料地板上的油污，宜用肥皂水擦洗，不得用热水或碱水擦洗。

任务小结

1. 塑胶地板地面工程的工艺流程

（1）胶粘铺贴法：基层处理→弹线分格→试铺→刷底子胶→铺贴塑料板块→铺贴踢脚板→擦光上蜡。

（2）焊接铺贴法：基层处理→弹线分格→试铺→刷底子胶→铺贴塑料板块→坡口下料→焊接→焊缝切割、修整。

2. 塑胶地板质量检测标准

（1）塑胶板面层所用的塑料板块和卷材的品种、规格、颜色、等级应符合设计要求和现行国家标准的规定。

（2）面层与下一层的粘结应牢固，不翘边、不脱胶、无溢胶。塑胶地板面层应采用塑料板块材、塑料卷材以胶粘剂在水泥类基层上铺设。

（3）水泥类基层表面应平整、坚硬、干燥、密实、洁净、无油脂及其他杂质，不得有麻面、起砂、裂缝等缺陷。

（4）塑胶地板面层应表面洁净，图案清晰，色泽一致，接缝严密、美观，拼缝处的图案、花纹吻合，无胶痕；与墙边交接严密，阴阳角收边方正。

（5）板块的焊接应平整、光洁，无焦化变色、斑点、焊瘤和起鳞等缺陷，其凹凸允许偏差为±0.6 mm。焊缝的抗拉强度不得低于塑料板块强度的75%。

（6）镶边用料应尺寸准确、边角整齐、拼缝严密、接缝顺直。

课后训练

判断题

1. 塑胶地板拼缝处应做 V 形坡口，并保证坡口平直，宽窄与角度一致。
（　　）

2. 塑胶地板焊缝时，应铲除突出地面的部分焊条。（　　）

3. 铺贴塑胶地板时，要涂刷底子胶，要求薄而均匀，不得漏刷。（　　）

4. 进行基层处理时可用铲刀将地面浮浆铲除。（　　）

5. 塑胶地板铺贴完成后，现场应设专人看管，非工作人员不得入内，必须进入室内工作时，应穿拖鞋。（　　）

施工技术交底实训记录

工程名称：	楼地面工程施工技术	姓名：	
交底部位：	地面	班级：	
工艺分类：	石材/瓷砖地面施工	交底日期：	

工艺流程：

施工 CAD 节点图	施工三维节点图

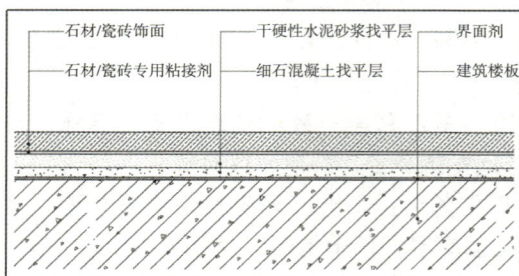

石材/瓷砖饰面　　干硬性水泥砂浆找平层　　界面剂
石材/瓷砖专用粘接剂　　细石混凝土找平层　　建筑楼板

交底内容：（根据项目情况，描述以下交底内容）

一、施工准备

二、作业条件

三、施工工艺

四、质量标准

五、成品保护

六、注意事项

教师评价	

项目五　墙(柱)面装饰工程施工技术

项目导学

墙面是室内空间的临界面,是人眼睛的正视面。不同区域空间墙面的使用目的不同,所选用的材料不同,达到的装饰效果也不同。要达到最佳装饰效果,除合理选用装饰材料外,装饰施工也很重要。有好的材料,没有先进的施工工艺,或者有好的施工,没有配套材料,都很难达到预定的装饰效果。

本项目根据表面材质的不同,共分为四项任务:任务一为涂饰墙面施工,任务二为石材干挂墙面施工,任务三为软包墙面施工,任务四为木质集成墙面板施工。

想一想

(1)乳胶漆的标准施工工艺是什么?

(2)石材干挂墙面的施工工艺是什么?

(3)软包墙面施工的工艺流程是什么?

(4)木质集成墙面施工的质量验收标准是什么?

任务一　涂饰墙面施工

建筑涂料种类较多、色彩多样、质感丰富、易于维修翻新。采用喷涂、滚涂或弹涂等施工方法将涂料涂覆于建筑物的内外墙、顶、地表面,可形成坚韧的膜,其质轻、与基层的附着力强,对建筑物起保护作用。有些建筑涂料还具有防火、防霉、抗菌、耐候、耐污等特殊功能。

涂料工程按照建筑涂料主要成膜物质的化学成分不同主要分为水性涂料涂饰、溶剂型涂料涂饰、美术涂饰等分项工程。水性涂料的主要品种是乳胶漆,乳胶漆主要由水、乳液、颜填料和各种助剂四大部分组成。乳胶漆主要施工方法是滚涂法和喷涂法。

任务目标

1. 掌握乳胶漆标准施工工艺;

2. 掌握涂饰墙面工程的质量验收标准、检验方法;

3. 熟知乳胶漆施工过程中的注意事项。

任务内容

1. 任务描述：某客餐厅混凝土墙面满涂乳胶漆，要求施工顺序正确，涂饰施工质量符合施工质量验收规范的要求。

2. 参考图纸：乳胶漆墙面施工图，如图 5.1 所示；乳胶漆墙面构造图，如图 5.2 所示。

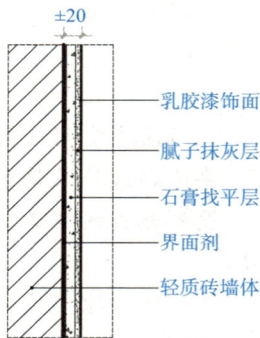

图 5.1　乳胶漆墙面施工图

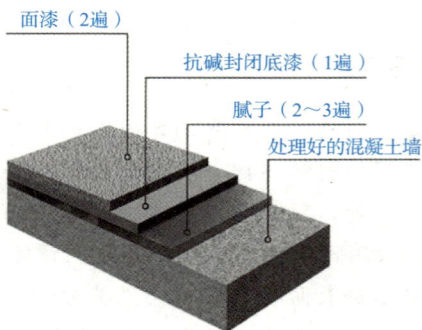

图 5.2　乳胶漆墙面构造图

任务实施

一、施工准备

1. 作业条件

(1)混凝土或抹灰基层涂刷溶剂型涂料时，含水率不得高于 8%；涂刷乳液型涂料时，含水率不得高于 10%；木材基层的含水率不得高于 12%。

(2)抹灰作业全部完成后，过墙管道、洞口、阴阳角等处应提前抹灰找平修整，并充分干燥。

(3)门窗玻璃安装完毕，湿作业的地面施工完毕，管道设备试压完毕。

(4)冬期要求在采暖条件下进行，环境温度不低于 5℃。

2. 施工机具准备

毛刷、滚筒刷、砂纸、分色纸、油灰刀、油漆喷枪。

3. 材料准备

腻子粉、乳胶漆底漆、乳胶漆面漆等材料。

二、工艺流程

室内墙面涂饰工程施涂项目包括混凝土表面、抹灰表面、木料表面和金属表面。以混凝土表面乳胶漆施工为例，其工艺流程为：基层处理→刮腻子→打磨腻子→涂刷封闭底漆→涂刷面漆→现场保护。

三、施工工艺

1. 基层处理

（1）根据现场情况，基层处理包括处理墙面基层、涂刷界面剂、找平处理、防水处理、基层防开裂处理。

（2）新建筑物的混凝土或抹灰基层在涂饰涂料前应涂刷抗碱封闭底漆。旧墙面在涂饰涂料前应清除疏松的旧装修层，并涂刷界面剂，如图5.3所示。

2. 刮腻子

（1）第一遍满刮腻子：施涂顺序是先刷顶板后刷墙面，刷墙面时应先上后下，如图5.4所示。用刮板横向满刮，一刮板紧接着一刮板，接头不得留槎，干燥后用1号砂纸打磨，将浮腻子及斑迹磨平磨光，再将墙面清扫干净。

图5.3　涂刷界面剂　　　　　　　图5.4　墙面刮腻子

（2）第二遍满刮腻子：方法同第一遍，但刮抹方向与前遍腻子垂直。用细砂纸将墙面小疙瘩打磨掉，打磨光滑后清扫干净。

3. 打磨腻子

（1）在强光下能够更清楚地观察到墙面是否平整。打磨时砂纸要适中，砂纸过细很难打磨平整，砂纸过粗容易有划痕。第一次打磨和第二次打磨间隔时间为8 h，大面积的墙面可使用电动磨机打磨以节约时间，如图5.5所示。

（2）打磨检验：检查阴阳角是否方正；墙面平整度、垂直度是否符合规范要求，边角收口是否打磨到位，有无铁板印、波浪痕，如图5.6所示。

图5.5　墙面腻子打磨　　　　　　图5.6　腻子打磨验收

4. 涂刷封闭底漆

(1)封闭底漆有防水，抗碱隔离作用，对基层的碱分能有效隔离，防止碱分渗出而破坏涂层。在腻子层验收完毕后，即可进行底漆的涂刷，如图 5.7 所示。

(2)第一遍涂刷完毕后，要等到底漆完全干透才能进行第二遍涂刷；浅色底漆需要涂刷两遍，深色底漆涂刷三至四遍；在涂刷过程中不能在同一个地方乱蹭，容易导致墙面起皮。

(3)封闭底漆与腻子的区别：腻子层的作用是找平墙面，隔离水泥的弱碱性，为刷漆提供良好的条件。而封闭底漆的作用是隔离腻子层，提高面漆附着力和延长寿命。

5. 涂刷面漆

(1)面漆是涂装的最终涂层，装修后所呈现出的整体效果都是通过这一层体现出来。具有装饰和保护功能，如颜色、光泽、质感等，还需有面对恶劣环境的抵抗性，如图 5.8 所示。

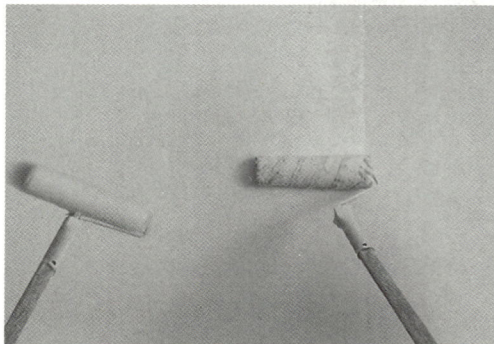

图 5.7　涂刷封闭底漆

图 5.8　面漆涂刷

(2)施工时涂层涂膜不宜过厚或过薄。过厚易流坠起皱，影响干燥；过薄则不能发挥涂料的作用。一般以充分盖底、不透虚影、表面均匀为宜。涂刷两遍，必要时可适当增加涂刷遍数。需要注意的是要等封闭底漆干透之后，才能进行面漆的施工，并在 2 h 后，检测墙面并对缺陷处进行修补清扫，再第二遍面涂即可。

6. 现场保护

面漆完工后，需做好其他面层材料的成品保护，防止交叉污染；成品乳胶漆墙面阳角用护角条进行保护，以防止磕碰损伤。在通常情况下，乳胶漆饰面需要至少 10 d 进行干燥硬化，方可达到最佳状态。

四、施工质量验收标准

(1)涂饰工程所用涂料的品种、型号和性能应符合设计要求。涂饰工程的颜色、图案应符合设计要求。

(2)普通内墙乳胶漆涂饰的质量和检验方法见表 5.1，普通内墙乳胶漆涂饰工程的允许偏差和检验方法见表 5.2。

表 5.1 普通内墙乳胶漆涂饰的质量和检验方法

项次	项目	普通涂饰	高级涂饰	检查方法
1	颜色	均匀一致	均匀一致	观察
2	光泽、光滑	光泽基本均匀一致、光滑无挡手感	光泽均匀一致、光滑	
3	泛碱、咬色	允许轻微少量	不允许	
4	流坠、疙瘩	允许轻微少量	不允许	
5	砂眼、刷纹	允许少量轻微砂眼、刷纹通顺	无砂眼、无刷纹	

表 5.2 普通内墙乳胶漆涂饰工程的允许偏差和检验方法

项次	项目	允许偏差(薄涂料)/mm		检查方法
		普通	高级	
1	立面垂直度	3	2	用 2 m 垂直检测尺检查
2	表面平整度	3	2	用 2 m 靠尺和塞尺检查
3	阴阳角方正	3	2	用 200 m 直角检测尺检查
4	装饰线、分色线直线度	2	1	拉 5 m 线，不足 5 m 拉通线，用钢直尺检查
5	墙裙、勒脚上口直线度	2	1	拉 5 m 线，不足 5 m 拉通线，用钢直尺检查

五、施工注意事项

(1)涂料墙面未干前室内不得清刷地面，以免粉尘沾污墙面，漆面干燥后不得挨近墙面泼水，以免泥水沾污。

(2)涂料墙面完工后要妥善保护，不得磕碰损坏。

(3)涂刷墙面时，不得污染地面、门窗、玻璃等已完工程。

(4)施工温度必须高于 10 ℃。室内不能有大量灰尘。避开雨天施工。

(5)厨房、卫生间墙面必须使用耐水腻子。

任务小结

乳胶漆施工流程：基层处理→刮腻子→打磨腻子→涂刷封闭底漆→涂刷面漆→现场保护。

课后训练

填空题

1. 涂料工程按照建筑涂料主要成膜物质的化学成分不同分为_____、_____、_____等分项工程。

2. 乳胶漆主要施工方法是_____、_____。

3. 厨房、卫生间墙面腻子必须使用_____。

4. 打磨检验时分别检查_____、_____、_____是否符合规范要求。

5. 墙面基层处理中新建筑物的混凝土或抹灰基层在涂饰涂料前应涂刷_____。旧墙面在涂饰涂料前应清除疏松的旧装修层，并涂刷_____。

任务二　石材干挂墙面施工

建筑石材是从天然岩体中开采出来，加工成块状或板状，具有装饰性的建筑石材。墙面装饰常用天然石材有花岗石和大理石。最常用石材工艺为骨架干挂、石材点挂、石材半挂、石材干粘、石材湿挂，如图5.9所示。

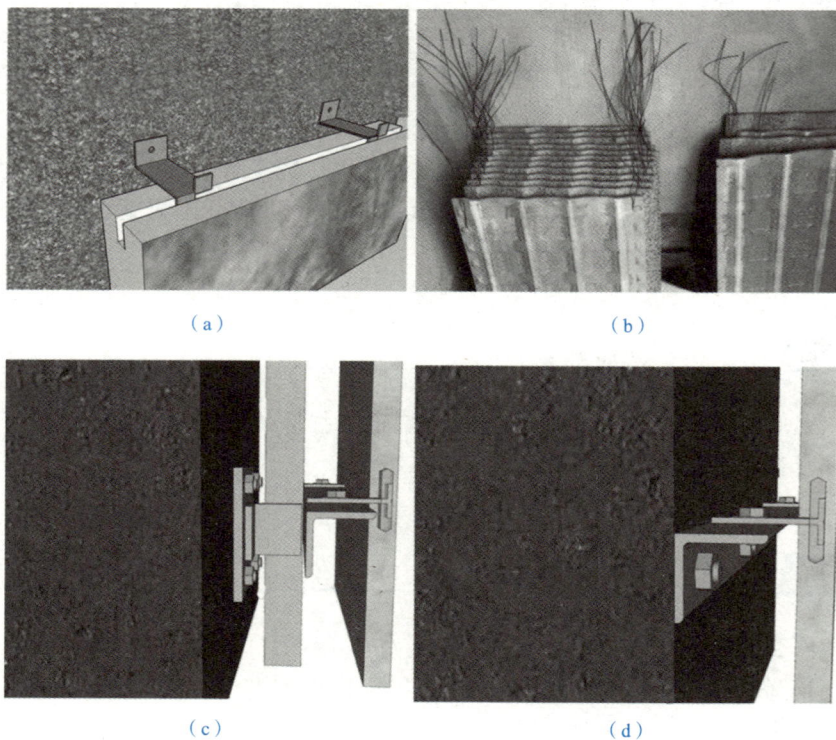

（a）　　　　　　　　　　　　　　（b）

（c）　　　　　　　　　　　　　　（d）

图5.9　石材工艺
（a）半挂；（b）铜丝湿挂；（c）骨架干挂；（d）点挂

任务目标

1. 掌握石材干挂标准施工工艺；
2. 熟知石材干挂墙面工程的质量验收标准、检验方法；
3. 熟知石材干挂墙面施工过程中的注意事项。

任务内容

1. 任务描述：某客餐厅背景墙采用石材饰面，使用石材骨架工艺，要求施工顺序正确，石材工艺施工质量符合施工质量验收规范的要求。

2. 参考图纸：石材效果示例，如图 5.10 所示；石材干挂构造图，如图 5.11 所示；石材干挂施工图，如图 5.12 所示。

图 5.10　石材效果示例

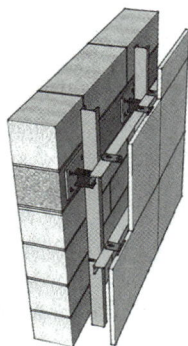

图 5.11　石材干挂构造图

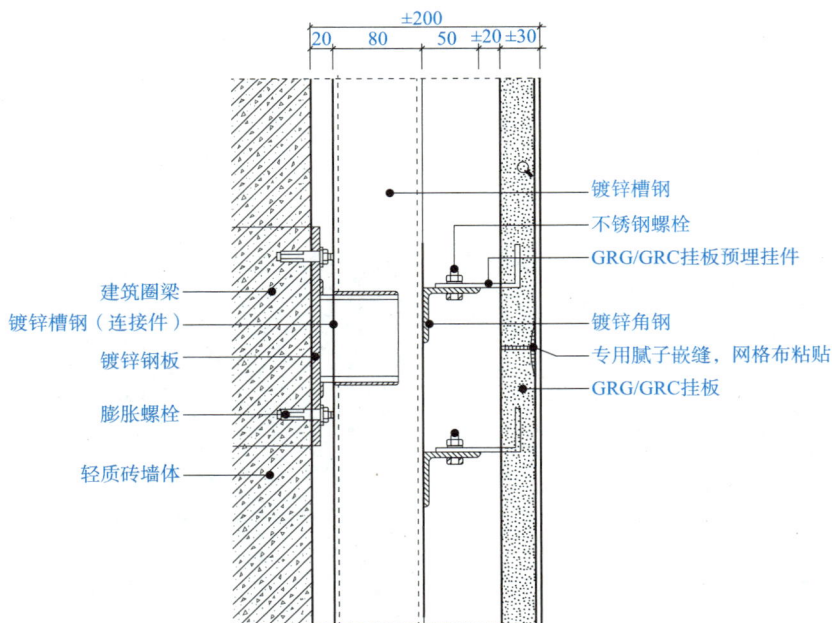

图 5.12　石材干挂施工图

任务实施

一、施工准备

1. 作业条件

(1)所有石材均应提供放射性物质含量检测证明。

(2)对材料及性能指标进行复验。

2. 材料准备

镀锌钢板、镀锌槽钢、膨胀螺栓、角钢、T形干挂件、石材饰面板、石材用胶等。

3. 施工机具准备

冲击电钻、焊枪、手持切割机等。

二、工艺流程

石材干挂施工流程：弹线、定位→安装金属骨架→安装石材饰面板→嵌胶封缝。

三、施工工艺

1. 弹线、定位

根据深化设计要求，在墙面弹出骨架、饰面轮廓线和墙面水平基准线，并放好各部位的垂直槽钢线，如图5.13所示。

2. 安装金属骨架

(1)安装埋板：按照竖龙骨槽钢位置，确定埋板位置，在混凝土梁、墙上用膨胀螺栓固定埋板。建议采用5～8 mm厚钢板用 ϕ10 mm金属膨胀螺栓固定，埋板上、下间距不宜大于3 000 mm，横向间距同竖龙骨间距，一般应小于1 000 mm。

(2)制作安装钢骨架：按照所弹的分割线合理布置钢骨架的竖龙骨，间距一般控制在1 000 mm左右。竖龙骨一般采用槽钢，竖龙骨与埋板四边满焊连接，如图5.14所示。

图5.13　弹线

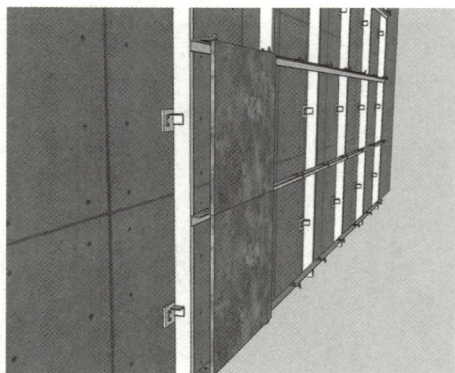

图5.14　安装钢骨架

（3）安装横龙骨：横龙骨采用镀锌角钢，间距视石材规格而定，与竖龙骨满焊连接，安装前根据石材规格在角钢一面预先打孔以备挂件固定用。横龙骨水平偏差不宜超过3 mm。钢骨架经验收合格后对所有焊接部位进行防锈处理。

3. 安装石材饰面板

（1）在钢骨架上插入固定螺栓，镶不锈钢或铝合金固定挂件。

（2）根据设计尺寸，将石材固定在专用模具上，在石材上、下端开槽。开槽深度为15 mm左右，槽边与板材正面距离约15 mm并保持平行，在背面开一企口以便干挂件能嵌入其中，如图5.15所示。

4. 嵌胶封缝

用AB结构胶嵌下层石材的上槽，插连接挂件，嵌上层石材下槽。临时固定上层石材，镶不锈钢挂件，如图5.16所示，调整后用AB结构胶固定。用珍珠薄膜盖住安装好的石材墙面，保证地面以上2 000 mm范围均覆盖好，进行成品保护。

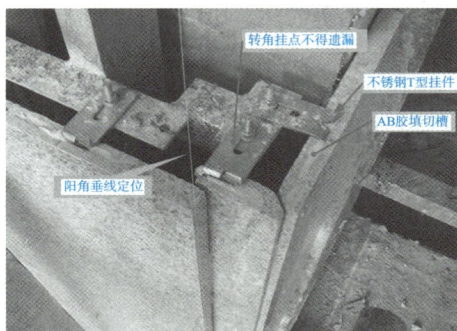

图5.15　安装石材饰面板

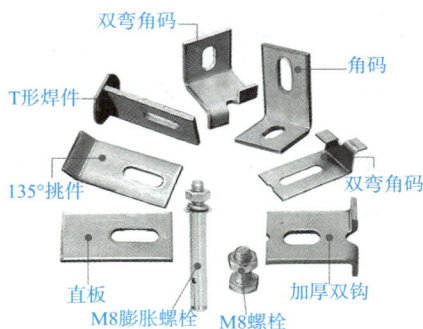

图5.16　石材干挂件

四、施工质量验收标准

（1）石材的品种、规格、颜色和性能应符合设计要求及国家现行标准的有关规定。检验方法：观察检查；检查产品合格证书、进场验收记录、性能检验报告和复验报告。

（2）石材孔、槽的数量、位置和尺寸应符合设计要求。

（3）石材安装工程的预埋件（或后置预埋件）、连接件的材质、数量、规格、位置、连接方法和防腐处理应符合设计要求。后置埋件的现场拉拔力应符合设计要求。石材安装应牢固。检验方法：手扳检查；检查进场验收记录、现场拉拔检验报告、隐蔽工程验收记录和施工记录。

（4）石材表面应平整、洁净、色泽一致，应无裂痕和缺损。石材表面应无泛碱等污染。

（5）石材填缝应密实、平直，宽度和深度应符合设计要求。

（6）石材上的孔洞应套割吻合，边缘应整齐。

（7）石材安装的允许偏差和检验方法应符合表5.3的规定。

表 5.3　石材安装的允许偏差和检验方法

项次	项目	允许偏差/mm 光面	检查方法
1	立面垂直度	2	用 2 m 垂直检测尺检查
2	表面平整度	2	用 2 m 靠尺和塞尺检查
3	阴阳角方正	2	用 200 m 直角检测尺检查
4	接缝直线度	2	拉 5 m 线，不足 5 m 拉通线，用钢直尺检查
5	墙裙、勒脚上口直线度	2	
6	接缝高低差	1	用钢直尺和垂直尺检查
7	接缝宽度	1	用钢直尺检查

五、施工注意事项

由于石材干挂钢骨架部分占用空间太大，所以对于很多小空间，设计师都不愿意用干挂工艺来安装石材，但在规范上，有时候必须用石材干挂工艺。《天然石材装饰工程技术规程》(JCG/T 60001—2007)5.1.5 条规定：当石材板材单件质量大于 40 kg 或单块板材面积超过 1 m² 或室内建筑高度在 3.5 m 以上时，墙面和柱面应设计成干挂安装法。

任务小结

石材骨架干挂施工流程：弹线、定位→安装金属骨架→安装石材饰面板→嵌胶封缝。

课后训练

判断题

1. 室内墙面石材施工最常用工艺是石材湿挂。　　　　　　　　　　（　　）

2. 石材骨架干挂使用的材料有镀锌钢板、镀锌槽钢、膨胀螺栓、角钢、T形干挂件、石材饰面、石材用胶等材料。　　　　　　　　　　　　　（　　）

3. 石材的板面开槽深度不能小于 20 mm。　　　　　　　　　　　　（　　）

4. 石材立面垂直度检验中，允许偏差为 2 m，用 3 m 垂直检测尺检查。
　　　　　　　　　　　　　　　　　　　　　　　　　　　　　（　　）

5. 后置埋件的现场拉拔力检验方法为观察检查。　　　　　　　　　（　　）

任务三 软包墙面施工

软包是一种在室内墙表面用柔性材料加以包装的墙面装饰方法。软包使用的材料质地柔软，色彩柔和，能够柔化整体空间氛围，其纵深的立体感也能提升家居档次，如图5.17所示。

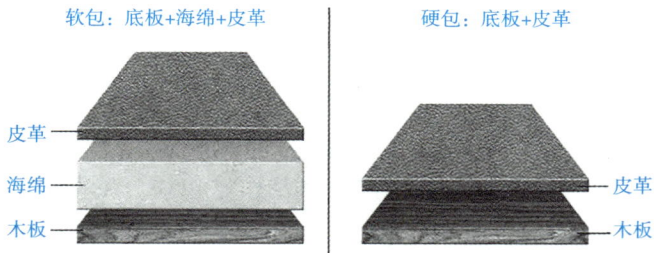

软包：底板+海绵+皮革　　硬包：底板+皮革

图5.17 软包、硬包的区别

任务目标

1. 掌握软包墙面装饰的施工工艺和工艺流程；
2. 熟知软包墙面工程的质量验收标准、检验方法；
3. 熟知软包墙面施工过程中的注意事项。

任务内容

1. 任务描述：某背景墙混凝土墙面要进行软包装饰，要求软包施工顺序正确，软包施工质量符合施工质量验收规范的要求。

2. 参考图纸：软包构造图，如图5.18所示；软包墙面施工图，如图5.19所示。

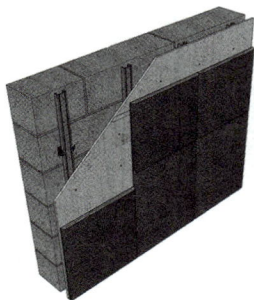

图5.18 软包构造图　　　图5.19 软包墙面施工图

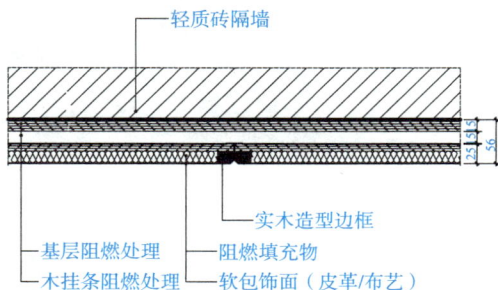

任务实施

一、施工准备

1. 作业条件

（1）结构工程已完工，并通过验收。

（2）水电及设备，顶墙上预留预埋件已完成。

（3）房间的地面分项、吊顶分项工程基本完成，并符合设计要求。

（4）软包加工处清洁、无扬尘。

2. 材料准备

基层阻燃板、软包外饰面用的压条或木装饰线、软包（板材、面料、填充物，宜采用工厂加工的完成品）。

3. 施工机具准备

冲击电钻、刮刀、钉子、万能胶、钢板尺、裁刀、刮板、毛刷、卷尺、锤子等。

二、工艺流程

软包施工流程：基层找平→分割、排版→制作软包块→安装软包预制块→镶钉装饰线。

三、施工工艺

1. 基层找平

（1）将基层清理干净，使墙面平整，为防止墙体柱体的潮气使其基面板底翘曲变形而影响装饰质量，要求基层做抹灰和防潮处理，如图 5.20 所示。

图 5.20　基层找平

（2）墙面铺设木基层找平，铺钉基层板，在铺钉基层板前，在基层板上涂刷防腐、防火涂料，应涂满、涂涂匀。也可采用木龙骨找平，在木龙骨上铺钉木工板。

2. 分割、排版

（1）按设计图纸和与相邻饰面关系进行墙面排版分割，如图 5.21 所示。尽量做到横向通缝，板块均匀。在菱形拼花时注意尖角角度不宜太小，同时需考虑面料幅宽降低损耗，如图 5.22 所示。

（2）注意机电线盒及设备位置与软包板块的关系。

图 5.21　分割、排版

图 5.22　菱形分割、排版

3. 制作软包块(建议在工厂加工完成品)

(1)制作软包背板：一般选用多层板、中纤板。

(2)软包填充：填充厚度略大于实木收边条 1~2 mm，防止线条露边。填放时用万能胶粘贴于底板上，保持平整无松动。

(3)面料包饰：按面料纹理排版，裁剪时注意调整方向。如遇异型软包，要注意面料损耗，可错位裁剪。用骑马钉固定或万能胶粘结，保持花纹整体性，如图 5.23 所示。

4. 安装软包预制块

(1)在木基层上按设计图画线，标明软包预制块及装饰木线(板)的位置。

(2)固定方法有枪钉、万能胶粘、玻璃胶粘、魔术贴粘。以枪钉为例：将软包预制块用塑料薄膜包好(成品保护用)，镶钉在墙、柱面做软包的位置。用气枪钉钉牢。每钉一颗钉用手抚一抚织物面料，使软包面既无凹陷、起皱现象，又无钉头挡手的感觉。连续铺钉的软包块，接缝要紧密，下凹的缝应宽窄均匀一致且顺直，如图 5.24 所示。

图 5.23　制作软包块

图 5.24　软包安装效果

5. 镶钉装饰线

(1)根据设计选定和加工好的贴脸或装饰边线，按设计要求把油漆刷好，进行试拼，达到设计要求的效果后与基层固定。最后涂刷镶边油漆成活。

(2)修整软包墙面，除尘清理，粘贴保护膜和处理打胶。

四、施工质量验收标准

(1)软包工程的安装位置及构造做法应符合设计要求。

(2)软包边框所选木材的材质、花纹、颜色和燃烧性能等级应符合设计要求及国家现行标准的有关规定。

(3)软包衬板材质、品种、规格、含水率应符合设计要求。面料及内衬材料的品种、规格、颜色、图案及燃烧性能等级应符合国家现行标准的有关规定。

(4)软包工程的龙骨、边框应安装牢固。

(5)软包衬板与基层应连接牢固,无翘曲、变形、拼缝应平直,相邻板面接缝应符合设计要求,横向无错位拼接的分格应保持通缝。

(6)单块软包面料不应有接缝,四周应绷压严密。需要拼花的,拼接处花纹、图案应吻合。软包饰面上电气槽、盒的开口位置、尺寸应正确,套割应吻合,槽、盒四周应镶硬边。

(7)软包工程的表面应平整、洁净、无污染、无凹凸不平及皱褶;图案应清晰、无色差,整体应协调美观、符合设计要求。

(8)软包工程的边框表面应平整、光滑、顺直,无色差、无钉眼;对缝、拼角应均匀对称、接缝吻合。清漆制品木纹、色泽应协调一致。

(9)软包内衬应饱满,边缘应平齐。

(10)软包墙面与装饰线、踢脚板、门窗框的交接处应吻合、严密、顺直。交接(留缝)方式应符合设计要求。

(11)软包安装的允许偏差和检验方法应符合表5.4的规定。

表5.4　软包安装的允许偏差和检验方法

项目	允许偏差/mm	检验方法
单块软包边框水平度	3	用1 m水平尺和塞尺检查
单块软包边框垂直度	3	用1 m垂直检测尺检查
单块软包对角线长度差	3	从框的裁口角里用钢尺检查
单块软包宽度、高度	0,-2	从框的裁口角里用钢尺检查
分格条(缝)直线度	3	拉5 m线,不足5 m拉通线,用钢直尺检查
裁口线条结合处高低差	1	用直尺和塞尺检查

五、施工注意事项

(1)在粘结、填塞料"海绵"时,避免用含腐蚀成分的胶粘剂,以免腐蚀"海绵",造成"海绵"厚度减小,底部发硬,以至于软包不饱满,因此粘结"海绵"时应采用中性或其他不含腐蚀成分的胶粘剂。

(2)裁割及粘结面料时,应注意花纹走向,避免花纹错乱影响观。

(3)防火规范规定,软包的填充物厚度不应大于15 mm,同时,使用面积不能大于墙画或吊顶面积的10%,否则不能通过消防验收。

任务小结

软包施工流程：基层找平→分割、排版→制作软包块→安装软包预制块→镶钉装饰线。

课后训练

填空题

1. 软包预制块固定方法有_____、_____、_____、魔术贴粘。

2. 防火规范规定，软包的填充物厚度不应大于_____，同时，使用面积不能大于墙画或吊顶面积的_____，否则不能通过消防验收。

3. 软包海绵填充厚度略大于实木收边条_____，防止_____。填放时用_____粘贴于底板上，保持平整无松动。

4. 软包块制作流程：_____、_____、_____。

5. 软包衬板材质、品种、_____、_____应符合设计要求。面料及内衬材料的品种、_____、_____、图案及_____等级应符合国家现行标准的有关规定。

微课

软包饰面装饰工艺节点

任务四　木质集成墙面板施工

随着装配式装修的兴起，集成墙板也成为装配式装修中最流行的墙面材料。集成墙板是由集成墙面板或功能模块及装饰线条、卡扣等配件集成，在工厂制作，在现场安装的装饰性室内墙面制品。集成墙面板按照材料分为金属集成墙面板、竹（木）集成墙面板、石材集成墙面板、陶瓷集成墙面板、木质集成墙面板。

任务目标

1. 掌握木质集成墙面板工程的施工工艺和工艺流程；

2. 熟知木质集成墙面板工程的质量验收标准、检验方法；

3. 熟知木质集成墙面板施工过程中的注意事项。

任务内容

1. 任务描述：某客厅沙发背景墙采用木质集成墙面板施工，要求施工顺序正确，施工质量符合施工质量验收规范的要求。

2. 参考图纸：传统墙面木饰面，如图 5.25 所示；装配式木质集成墙面板，如图 5.26 所示。

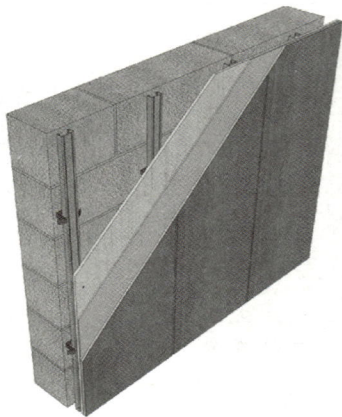

图 5.25　传统墙面木饰面　　　　图 5.26　装配式木质集成墙面板

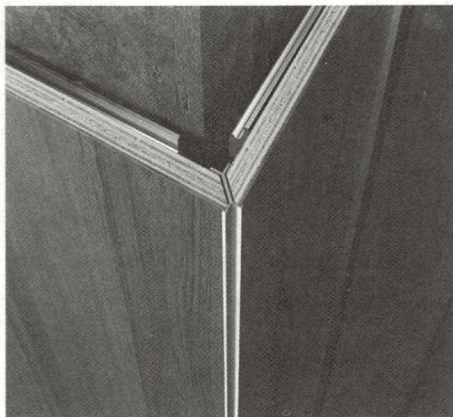

任务实施

一、施工准备

1. 作业条件

(1)集成墙面板宜在工厂加工完成。

(2)待施工的墙面平整。

2. 材料要求

(1)以实木或木质复合板为基板的具有装饰面的集成墙面用板。

(2)饰面板的品种、规格、颜色和性能应符合设计要求，木质集成墙面板的燃烧性能应符合设计要求。

3. 施工机具准备

卷尺、铲刀、膨胀剂、锤子、切割机、冲击电钻。

二、工艺流程

木质集成墙面板施工流程：前期准备→施工准备→分格弹线→安装集成墙板→成品验收。

三、施工工艺

1. 前期准备

（1）根据设计方案，测量墙面安装面积，并根据现场实际情况选择合适的产品尺寸。

（2）根据设计风格及各空间的造型、尺寸等，确定集成墙面板的板材类型及用量。

2. 施工准备

（1）将墙面清理干净，准备好所需的板材、配件、安装工具等，同时检查确认板材及配件是否齐全、有无瑕疵等，如图 5.27 和图 5.28 所示。

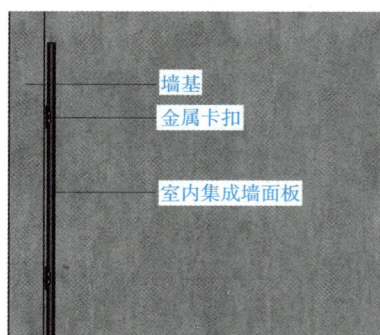

图 5.27　集成墙面板构造示意 1

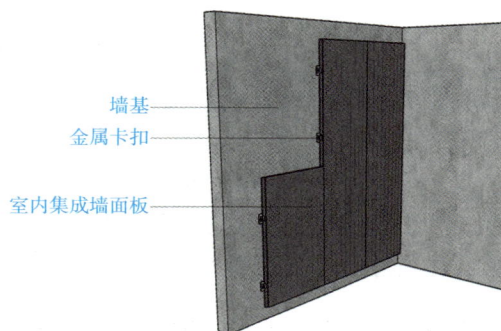

图 5.28　集成墙面板构造示意 2

（2）检查墙面平整度及光滑度，若局部凹凸不平则必须填平。

3. 分格弹线

根据墙面设计，确定板缝的起始位置和接缝连接位置，并分别弹出水平线、垂直线等板材定位线。

4. 安装集成墙面板

（1）用金属卡扣卡在墙面板凹槽里，然后用螺钉把卡扣固定在墙面上，如图 5.29 所示。

（2）拼接墙面板，只要将墙面板的公槽卡在另一块墙面板的凹槽里即可。

（3）在转角处须切割墙面板，安装墙面板后须在折角处安装阴角或阳角。待墙面板安装好后再安装踢脚线等辅料。

5. 成品验收

安装完成后，应对成品墙面进行检查和验收。检查材料固定是否牢固，贴在墙上的材料是否有空隙等，并需要确保接缝整齐平滑、干净美观，如图 5.30 所示。

四、施工质量验收标准

装配式内装修技术标准《建筑装配式集成墙面》（JG/T 579—2021）的有关规定如下。

（1）集成墙面板外观应平直、整洁，切边应整齐无毛刺；装饰面无明显色差，并应符合表 5.5 的要求。

图 5.29　安装集成墙面板　　　　图 5.30　成品验收

表 5.5　集成墙面板外观质量

表面处理方式	质量要求
涂饰	不应有漏涂、波纹、鼓泡、针孔、疵点、裂纹和划伤等缺陷
覆膜	不应有接头、起胶、分层、剥离现象，应无针孔、鱼眼、筋痕、折痕、杂质印、气泡、毛刺、面膜褶皱和划伤等缺陷
阳极氧化	不应有电灼伤、氧化膜脱落、划伤和开裂等影响使用的缺陷

（2）木质集成墙面板的尺寸偏差应符合表 5.6 的要求。

表 5.6　木质集成墙面板的尺寸偏差

项目		要求
		木质基板
长度/mm	<2 000	0～+5
	≥2 000	0～+8
宽度/mm		0～+2
厚度/mm	≤12	±0.20
	>12	±0.30
对角线差/mm		≤6
平整度/(mm·m^{-1})		≤1.0
边直度/(mm·m^{-1})		≤1.5

五、施工注意事项

木质集成墙面板的规格是宽度为 600 mm、900 mm、1 200 mm，厚度为 12 mm、15 mm、18 mm，长度为 2 400 mm、2 750 mm。

任务小结

木质集成墙面板施工流程：前期准备→施工准备→分格弹线→安装集成墙面板→成品验收。

填空题

1. 木质集成墙面板施工流程：前期准备→施工准备→＿＿＿＿＿＿→＿＿＿＿＿＿→成品验收。

2. 木质集成墙面板的厚度有＿＿＿＿＿＿、＿＿＿＿＿＿、＿＿＿＿＿＿，宽度有＿＿＿＿＿＿、＿＿＿＿＿＿，长度有＿＿＿＿＿＿、＿＿＿＿＿＿。

3. 集成墙板按照材料分为＿＿＿＿＿＿、竹（木）集成墙面板、＿＿＿＿＿＿、陶瓷集成墙面板、＿＿＿＿＿＿。

4. 木质集成墙面板施工中要求木质基板的平整度是＿＿＿＿＿＿，宽度是＿＿＿＿＿＿。

5. 木质集成墙面板对外观质量中的阳极氧化要求不应有＿＿＿＿＿＿、＿＿＿＿＿＿、＿＿＿＿＿＿和＿＿＿＿＿＿等影响使用的缺陷。

微课

墙面木基层施工

施工技术交底实训记录

工程名称：	墙(柱)面装饰工程施工技术	姓名：	
交底部位：	背景墙	班级：	
工艺分类：	墙面干挂石材安装施工	交底日期：	

工艺流程：

施工 CAD 节点图	施工三维节点图
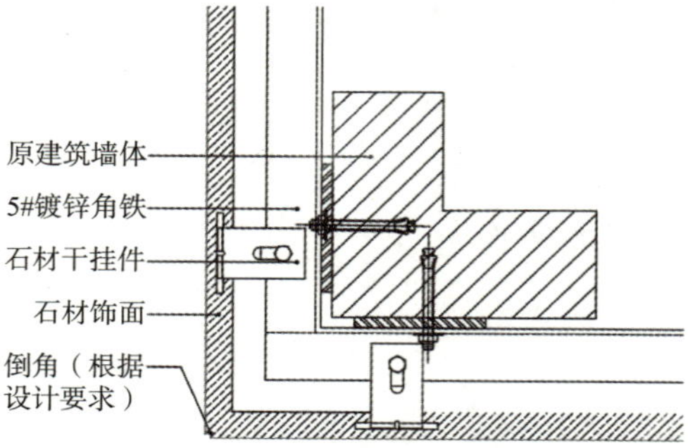 原建筑墙体 5#镀锌角铁 石材干挂件 石材饰面 倒角（根据设计要求）	

交底内容：（根据项目情况，描述以下交底内容）

一、施工准备

二、作业条件

三、施工工艺

四、质量标准

五、成品保护

六、注意事项

教师评价	

项目六　顶棚工程施工技术

项目导学 >>>

顶棚是室内空间顶界面，通常由吊杆、龙骨架、饰面板及与其配套的连接件和配件组成。通过各种材料及形式的组合，形成具有功能和美感的装修组成部分。吊顶龙骨、配件及相关材料均应符合国家标准《金属及金属复合材料吊顶板》(GB/T 23444—2009)、《建筑用轻钢龙骨》(GB/T 11981—2008)的规定要求。

本项目共有四项任务：任务一为轻钢龙骨纸面石膏板吊顶施工，任务二为木龙骨纸面石膏板吊顶施工，任务三为金属板(网)吊顶施工，任务四为柔性(软膜)吊顶施工。

想一想

1. 轻钢龙骨纸面石膏板吊顶施工的工艺流程是什么？
2. 木龙骨纸面石膏板吊顶施工的施工工艺是什么？
3. 金属板(网)吊顶施工的注意事项有哪些？
4. 柔性(软膜)吊顶施工的质量验收标准是什么？

任务一　轻钢龙骨纸面石膏板吊顶施工

轻钢龙骨吊顶是以轻钢龙骨作为吊顶的基本骨架，以轻型装饰板材作为饰面层的吊顶体系。轻钢龙骨吊顶具有质轻、高强、拆装方便、防火防潮性能好等特点。轻钢龙骨按照龙骨的断面形状可以分为 U 形和 T 形，骨架由主龙骨、次龙骨、横撑龙骨、边龙骨和各种配件组装而成，主龙骨规格可以分为 U38、U50、U60 三个系列，并按荷载和检修要求分上人和不上人两类，配件由吊挂件、连接件、挂插件组成。

👤 任务目标

1. 掌握轻钢龙骨纸面石膏板吊顶施工的工艺流程和施工工艺；
2. 熟知轻钢龙骨纸面石膏板吊顶施工的质量验收标准、检验方法；
3. 能够绘制轻钢龙骨纸面石膏板吊顶细部构造节点图。

👤 任务内容

1. **任务描述**：某客厅空间面积为 22 m²，其中石膏板采用 9.5 mm 厚纸面石膏板，U 形轻钢龙骨吊筋间距为 1 200 mm，主龙骨为 50 mm×15 mm×1.2 mm，间距为 600 mm，次龙骨为 50 mm×20 mm，间距为 400 mm。请描述此项任务的施工工艺，并绘制出相关细部构造节点图。

2. 参考图纸：客厅空间轻钢龙骨纸面石膏板吊顶构造图，如图 6.1 所示。

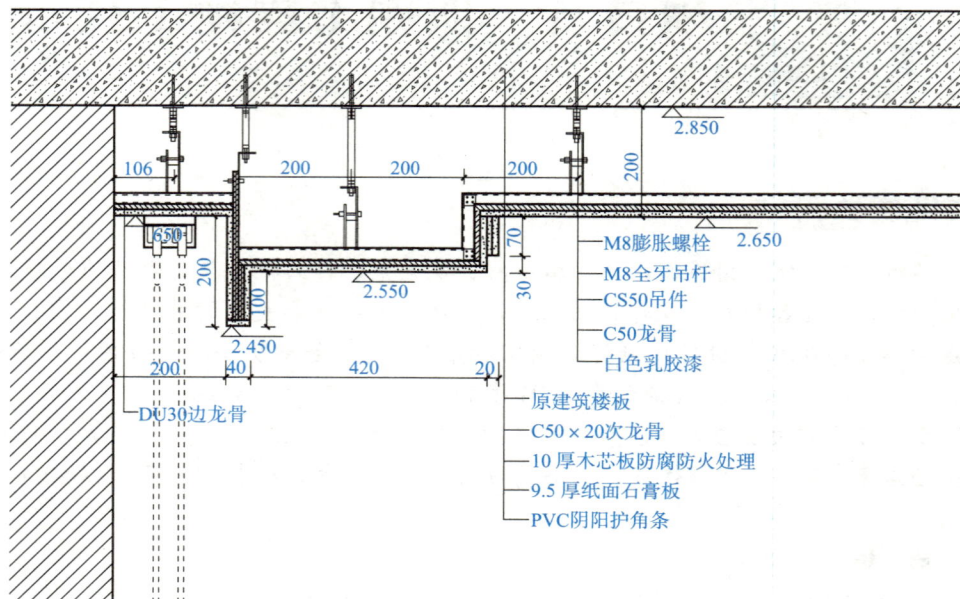

图 6.1　客厅空间轻钢龙骨纸面石膏板吊顶构造图

任务实施

一、施工准备

1. 材料准备及要求

(1)石膏板：9.5 mm 厚纸面石膏板，材质、规格及质量性能指标符合设计及规范要求，品牌经业主认可。

(2)龙骨：主龙骨采用 U50，次龙骨采用 U50×20，符合设计及规范要求。

(3)零配件：镀锌钢筋吊杆、射钉、镀锌自攻螺钉。

2. 施工机具准备

电锯、无齿锯、射钉枪、手锯、手刨子、钳子、螺钉旋具、扳子、方尺、钢尺、钢卷尺等。

3. 作业条件

(1)施工前应熟识施工图纸及设计说明。

(2)施工前应按设计要求对空间净高、洞口标高和吊顶内管道、设备及其支架标高进行交接检查。

(3)检查各种材料和配件齐全，搭设好顶棚施工的操作平台架子。

(4)在大面积施工前，应做样板间。对顶棚的起拱度、灯槽、通风口的构造处理，分块及固定方法等进行试装并鉴定后方可大面积施工。

二、工艺流程

施工准备→弹线定位→安装吊筋→安装边龙骨→安装主龙骨→安装次龙骨→整体校正→安装石膏板→检查修整。

三、施工工艺

(1)施工准备：施工前复核结构尺寸是否与设计图纸相符，将管道洞口封堵处及顶上杂物清理干净。

(2)弹线定位：根据顶棚设计标高，沿内墙面四周弹水平线，作为顶棚安装的标准线，其水平允许偏差为±5 mm。无埋件时，根据吊顶平面，在结构层板下弹线定出吊点位置，并复验吊点间距是否符合规定，如图6.2所示。

(3)安装吊筋：现浇钢筋混凝土楼板一般是预埋吊筋，无预埋时应用膨胀螺栓固定，并保证其连接强度。吊杆端头螺纹部分长度不应小于30 mm，以便于有较大的调节量，如图6.3所示。

图6.2　弹线定位　　　　　　图6.3　安装吊筋

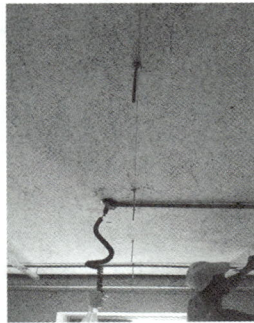

(4)安装边龙骨：对于无附加荷载的轻便吊顶，用水泥钉按600 mm的钉距与墙、柱面固定，对于有附加荷载的吊顶，按1 000 mm的间距预埋防腐木砖，将吊顶边部支承材料与木砖固定。

(5)安装主龙骨：主龙骨要与空间的长向平行，间距一般为900～1 000 mm，用吊挂件连接在吊杆上，拧紧螺钉，主龙骨连接部分要增设吊点，用主龙骨连接件连接，接头和吊杆方向要错开。用激光旋转水平仪配合吊顶骨架进行调平处理，随时检查龙骨的平整度，如图6.4所示。

(6)安装次龙骨：次龙骨紧贴主龙骨安装，采用吊挂件挂在主龙骨上，依据吊顶的造型可进行叠级安装，留意在吊灯、窗帘盒、通风口四周必须加设次龙骨，如图6.5所示。

(7)整体校正：全面检查校正龙骨骨架，确保主次龙骨的结构位置及水平度合格无误后，拧紧所有的吊挂件和连接件，保证骨架的整体稳固。

(8)安装石膏板：石膏板采用12 mm纸面石膏板，在自由状态下固定。长边沿纵向龙骨铺设，自攻螺钉与板边距离，包封边为10～15 mm，切割边为15～20 mm，自攻钉间距为150～170 mm，自攻钉头略埋入板面，刷防锈漆，按设计要求处理板接缝，如图6.6所示。

图 6.4 安装主龙骨   图 6.5 安装次龙骨

图 6.6 安装石膏板

（9）检查修整：安装完毕后，对顶棚表面平整度、接缝平直度、接缝高低度、钉接缝处牢固性等方面进行检查。

四、施工质量验收标准

施工质量验收标准及检验方法严格按照《建筑装饰装修工程质量验收标准》（GB 50210—2018）第 7.1.1～第 7.3.10 条执行。具体见表 6.1。

表 6.1 施工质量验收标准及检验方法

项次	项目		质量标准/mm	检验方法
1	吊顶标高、尺寸、起拱和造型		符合设计要求	尺量检查
2	饰面板与龙骨连接		牢固可靠，无松动变形	轻拉检查
3	龙骨	龙骨间距	标准内	尺量检查
		龙骨平直	≤2	尺量检查
		起拱高度	≤3	拉线尺量
		龙骨四周水平	≤2	尺量或水准仪检查
4	饰面板	表面平整	≤2	用 2 m 靠尺检查
		接缝平直	≤3	拉 5 m 线检查
		接缝凹凸	≤1	用直尺或塞尺检查
		顶棚四周水平	≤5	拉线或用水准仪检查

五、施工注意事项

（1）龙骨骨架及饰面板安装应注意保护顶棚内各种管线。轻钢骨架的吊杆、龙骨不准固定在通风管道及其他设备件上，在相应位置留设检修口。

（2）轻钢龙骨、饰面板及其他吊顶材料在入场存放、使用过程中应严格管理，保证不变形、不受潮、不生锈。

（3）施工顶棚部位已安装的门窗、窗台板，已施工完毕的地面、墙面等应注意保护，防止污损。

（4）吊顶高度大于 1 500 mm 时，需在吊杆处增加反向支撑。带反光灯槽、弧形或其他形式时，尽量使用轻钢龙骨。

任务小结

　　轻钢龙骨纸面石膏板吊顶施工的工艺流程：施工准备→弹线定位→安装吊筋→安装边龙骨→安装主龙骨→安装次龙骨→整体校正→安装石膏板→检查修整。

课后训练

判断题

1. 轻钢龙骨石膏板吊顶的龙骨主要分为主龙骨、次龙骨、边龙骨。（　　）
2. 轻钢龙骨石膏板吊顶的吊杆的固定间距一般为 900～1 000 mm。（　　）
3. 轻钢龙骨石膏板吊顶在施工时，固定吊挂杆件采用膨胀螺栓固定。

（　　）

4. 轻钢龙骨石膏板吊顶在安装石膏板时，石膏板之间间距可以在 20 mm 之内。（　　）

5. 轻钢龙骨石膏板吊顶的龙骨整体安装完毕后，需进行全面校正，其主要目的是确保整体龙骨骨架稳定可靠。（　　）

微课

　　轻钢龙骨纸面石膏板吊顶施工

金属格栅＋木饰面吊顶装饰工艺节点　　　　　**轻钢龙骨吊顶施工工艺**

任务二　木龙骨纸面石膏板吊顶施工

　　木龙骨俗称为木方，主要由松木、椴木、杉木等木材加工成截面长方形或正方形的木条，用于撑起外面的装饰板，起支架作用。木龙骨纸面石膏板吊顶系统由木龙骨骨架、石膏板组成。吊顶的木龙骨一般为松木，长为 3.66 m，主龙骨规格有 30 mm×40 mm、40 mm×60 mm、60 mm×80 mm 等，次龙骨规格有 20 mm×30 mm、25 mm×35 mm、30 mm×40 mm 等。木龙骨纸面石膏板吊顶具有造型多样、装饰效果好、价格低、易开裂、易燃、易受潮等特点。

任务目标

　　1. 掌握木龙骨纸面石膏板吊顶施工的工艺流程和施工工艺；
　　2. 熟知木龙骨纸面石膏板吊顶施工的质量验收标准、检验方法；
　　3. 能够绘制木龙骨纸面石膏板吊顶细部构造节点图。

任务内容

　　1. 任务描述：某餐厅空间面积为 12 m²，其中石膏板采用 9.5 mm 厚纸面石膏板，对 30 mm×40 mm 木龙骨进行防腐、防火处理，对 10 mm 木芯板基层进行防腐、防火处理。请描述此项任务的施工工艺，并绘制出相关细部构造节点图。

　　2. 参考图纸：餐厅空间木龙骨纸面石膏板吊顶构造图，如图 6.7 所示。

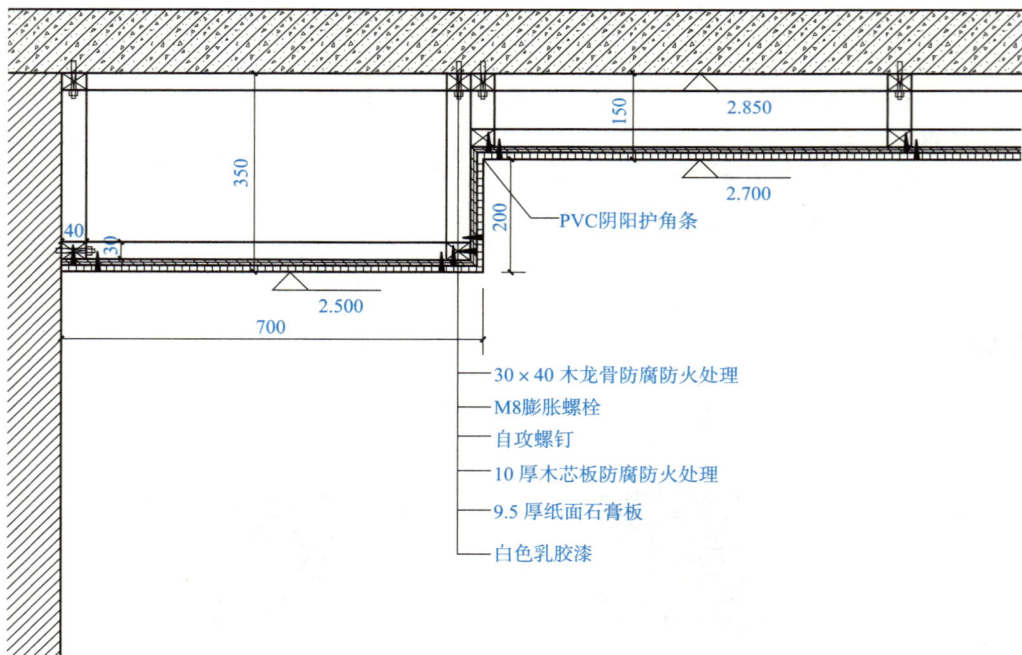

图 6.7　餐厅空间木龙骨纸面石膏板吊顶构造图

任务实施

一、施工准备

1. 材料准备及要求

(1)木龙骨：对 30 mm×40 mm 木龙骨进行防腐、防火处理，对 10 mm 木芯板基层进行防腐处理，并按设计要求进行防火处理。吊杆规格为 40 mm×40 mm。

(2)罩面板材及压条：9.5 mm 厚纸面石膏板，选用时严格掌握材质及规格标准。

(3)其他材料：$\phi6$ 或 $\phi8$ 吊筋、膨胀螺栓、射钉、圆钉、角钢、扁钢、胶粘剂、木材防腐剂、防火剂、镀锌钢丝、防锈漆等。

2. 施工机具准备

小电锯、台刨、手电钻、木刨、线刨、锯、斧、锤、螺钉旋具、摇钻等。

3. 作业条件

(1)顶棚内各种管线及通风管道均应安装完毕并办理手续。

(2)直接接触结构的木龙骨应预先刷防腐剂。

(3)按防火等级和环境要求，对木龙骨进行喷涂防火涂料或置于防火涂料槽内浸渍处理。

(4)搭好顶棚施工操作平台架。

二、工艺流程

施工准备→放线定位→处理木龙骨→拼接木龙骨→安装吊点→安装边龙骨→安装主龙骨→龙骨调平、起拱→安装石膏板。

三、施工工艺

(1)施工准备：顶棚上部电气布线、空调管道等安装就位并调试完成，顶上杂物已清理干净。

(2)放线定位：可用水准仪确定标高线、吊顶造型位置线。

(3)处理木龙骨：对木质龙骨材料进行筛选并进行防腐、防火处理。将防火涂料涂刷或喷于木材表面，也可以将木材放在防火槽内浸渍，如图 6.8 所示。

图 6.8　木龙骨防火处理

（4）拼接木龙骨：拼接方法采用咬口拼接法。其具体做法是在龙骨上开槽，将槽与槽之间进行咬口拼装，槽内涂胶并用钉子固定。

（5）安装吊点：按吊点位置用电锤打孔，预埋膨胀螺栓、预埋件等，吊筋可用钢筋、角钢或方木，吊点与吊筋可采用焊接、绑扎、钩挂、螺栓或螺钉等方式连接。

（6）安装边龙骨（图 6.9）：用冲击钻在标高线上方 10 mm 处打孔，孔径为 12 mm，孔距为 0.5～0.8 m，在孔内塞入木楔，将边龙骨钉在墙内木楔上。

图 6.9　安装边龙骨

（7）安装主龙骨（图 6.10）：用钢丝将拼装好的木龙骨吊直在标高线以上，临时固定，用尼龙线沿吊顶标高线拉出几条平行线和对角交叉线，以此为准，将龙骨慢慢移动至与标高线平齐，然后与吊筋连接固定。

图 6.10　安装主龙骨

（8）龙骨调平、起拱：整个龙骨连接后，在吊顶下拉出对角交叉线，检查调整吊顶的平整度及拱度，并进行适当的调整，调整后，将龙骨的所有吊挂件和连接件拧紧、夹牢，面积较大时可起拱，起拱高度为房间跨度的 1/300～1/200。

（9）安装石膏板（图 6.11）：石膏板在自由状态下固定。长边必须与次龙骨呈垂直交叉状态，端边落在次龙骨中央部位。螺钉与板边距离以 10～15 mm 为宜，自攻钉间距为 150～170 mm，自攻钉头略埋入板面，刷防锈漆，按设计要求处理板接缝。

四、施工质量验收标准

质量验收标准及检验方法，严格按照《建筑装饰装修工程质量验收标准》（GB 50210—2018）第 7.1.1～第 7.2.10 条执行。具体见表 6.2。

图 6.11　安装石膏板

表 6.2　质量验收标准及检验方法

项次	项目	质量标准/mm	检验方法
1	吊顶标高、尺寸、起拱和造型	符合设计要求	尺量检查
2	饰面板与龙骨连接	牢固可靠，无松动变形	轻拉检查
3	表面平整度	≤3	用 2 m 靠尺检查
	接缝直线度	≤3	拉 5 m 线检查
	接缝高低差	≤1	用直尺或塞尺检查

五、施工注意事项

(1)吊杆和龙骨的材质、规格、安装间距及连接方式应符合设计要求，应对木龙骨进行防腐、防火处理。

(2)吊杆和龙骨安装应牢固，符合设计和施工规范的要求。

(3)面板的安装应稳固严密。

任务小结

　　木龙骨纸面石膏板吊顶施工的工艺流程：施工准备→放线定位→拼接木龙骨→安装吊点→安装边龙骨→安装主龙骨→龙骨调平、起拱→安装石膏板。

课后训练

　　判断题

　　1.木龙骨石膏板吊顶中，主龙骨的常用尺寸为 30 mm×50 mm。　　（　）

　　2.木龙骨吊顶结构所用的钉子都需要在钉眼上涂防锈漆。　　（　）

　　3.木龙骨石膏板吊顶内若有中央空调设备，则施工时应考虑预留检修口出风口、回风口。　　（　）

　　4.拼接木龙骨时，主要采用胶粘法。　　（　）

　　5.木龙骨石膏板吊顶整体安装完毕后，需进行全面校正，对龙骨进行调平、起拱处理。　　（　）

木龙骨吊顶施工工艺

任务三　金属板(网)吊顶施工

金属板(网)吊顶系统由金属面板或金属网、龙骨、配件(连接件、安装扣、调校件等)组成,属于轻型活动式吊顶,其饰面板用搁置、卡接、粘结等方法固定在龙骨上,铝合金龙骨吊顶具有外观装饰效果好、防火性能好等特点。

任务目标

1. 掌握金属板(网)吊顶施工的工艺流程和施工工艺;
2. 熟知金属板(网)吊顶施工的质量验收标准、检验方法;
3. 能够绘制金属板(网)吊顶细部构造节点图。

任务内容

1. 任务描述:某卫生间空间面积为 4.8 m²,采用铝扣板吊顶(规格为 300 mm×300 mm)以及 φ6 钢筋吊杆,U 形轻钢龙骨吊筋间距为 1 200 mm。请描述此项任务的施工工艺,并绘制出相关细部构造节点图,如图 6.12 所示。

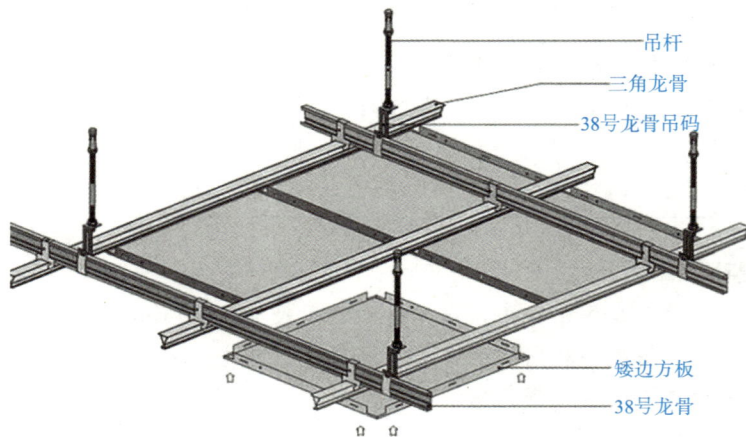

图 6.12　铝扣板吊顶示意

2. 参考图纸:卫生间铝扣板吊顶构造图,如图 6.13 所示。

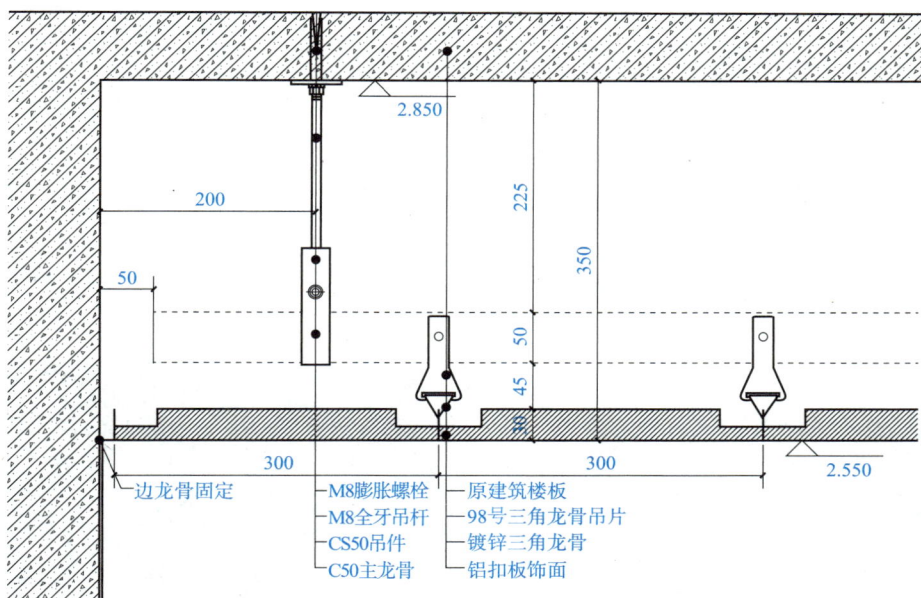

图 6.13　卫生间铝扣板吊顶构造图

任务实施

一、施工准备

1. 材料准备及要求

（1）主龙骨：C38 轻钢龙骨、配件、φ6 吊杆、膨胀螺栓等，进场检验合格证及材料质量证明。

（2）罩面板材及压条：材料为铝扣板吊顶、铝合金压条，规格为 300 mm×300 mm，选用时严格按照材质及设计要求。

（3）其他材料：射钉、自攻螺钉、圆钉、胶粘剂、镀锌铁丝等。

2. 施工机具准备

电锯、无齿锯、冲击电钻、手提线锯机、钢锯、射钉枪、螺钉旋具、钢尺等。

3. 作业条件

（1）顶棚内各种管线均应安装完毕并办理手续。

（2）熟悉图纸，确定现场实际吊顶标高。

（3）搭好顶棚施工操作平台架。

二、工艺流程

施工准备→弹线定位→安装吊杆→安装边龙骨→安装主龙骨→安装次龙骨→安装铝扣板→安装压条。

三、施工工艺

（1）施工准备：卫生间顶棚上部电气布线、冷热水管等安装就位并调试完成，顶上杂物已清理干净。

(2)弹线定位：用水准仪确定标高线、吊顶造型位置线。

(3)安装吊杆(图 6.14)：按吊点位置用电锤打孔，采用φ6 吊杆，用膨胀螺栓固定在顶棚上，吊筋间距控制在 1 200 mm 范围内。

(4)安装边龙骨：按吊顶净高要求在墙四周用水泥钉固定 25 mm×25 mm 烤漆龙骨，水泥钉间距不大于 300 mm。

(5)安装主龙骨(图 6.15)：选用 C38 轻钢龙骨，间距控制在 1 200 mm 范围内。安装时采用与主龙骨配套的吊件与吊杆连接。

图 6.14　安装吊杆

图 6.15　安装主龙骨

(6)安装次龙骨(图 6.16)：根据铝扣板的规格尺寸，安装与板配套的三角龙骨，三角龙骨通过配套三角吊挂件吊挂在主龙骨上，次龙骨与吊杆用专用吊卡或螺栓连接。

(7)安装铝扣板(图 6.17)：安装时轻拿轻放，必须顺着翻边部位顺序将方板两边轻压，卡进龙骨后再推紧。

图 6.16　安装次龙骨

图 6.17　安装铝扣板

(8)安装压条：待铝扣板安装后，经调整位置，使拉缝均匀，对缝平整，按压条位置弹线，用自攻螺钉或胶粘剂进行压条固定安装。

四、施工质量验收标准

质量验收标准及检验方法，严格按照《建筑装饰装修工程质量验收标准》(GB 50210—2018)第 7.3.1～第 7.4.10 条执行。具体见表 6.3。

表 6.3 质量验收标准及检验方法

项次	项目		质量标准/mm	检验方法
1	吊顶标高、尺寸、起拱和造型		符合设计要求	尺量检查
2	饰面板与龙骨连接		牢固可靠，无松动变形	轻拉检查
3	龙骨	龙骨间距	≤2	尺量检查
		龙骨平直	≤2	尺量检查
		起拱高度	≤3	拉线尺量
		龙骨四周水平	≤3	尺量或水准仪检查
4	金属板	表面平整	≤2	用 2 m 靠尺检查
		接缝平直	≤2	拉 5 m 线检查
		接缝高低	≤1	用直尺或塞尺检查

五、施工注意事项

（1）吊杆和龙骨的材质、规格、安装间距及连接方式应符合设计要求。

（2）安装龙骨骨架及铝扣板时应注意保护顶棚内各种管线，吊杆和龙骨安装应牢固，板缝平正对直，符合施工规范要求。

（3）安装面板时应戴手套，保证板面干净清洁。

任务小结

金属板（铝扣板）吊顶施工的工艺流程：施工准备→弹线定位→安装吊杆→安装边龙骨→安装主龙骨→安装次龙骨→安装铝扣板→安装压条。

课后训练

判断题

1. 铝扣板吊顶的突出特点为防火、防潮、质量小。　　　　　　　（　　）

2. 铝扣板吊顶施工时，首先安装的龙骨部件是主龙骨。　　　　　（　　）

3. 安装铝扣板吊顶前需在顶面和墙面进行弹线，其主要作用是确定龙骨位置线、吊顶高度。　　　　　　　　　　　　　　　　　　　　　　　　（　　）

4. 拼接轻钢龙骨时，主要采用胶粘法。　　　　　　　　　　　　（　　）

5. 铝扣板吊顶施工中安装次龙骨时，间距一般为 300 mm×600 mm。

　　　　　　　　　　　　　　　　　　　　　　　　　　　　　（　　）

微课

铝扣板吊顶施工工艺

任务四　柔性(软膜)吊顶施工

柔性(软膜)吊顶是新材料与技术的结晶，起源于欧洲，在20世纪90年代引入中国。柔性(软膜)吊顶由软膜、软膜扣边、龙骨、光源四部分组成。软膜采用特殊的聚氯乙烯材料制成，膜厚为0.18～0.2 mm，其防火级别为B1级，具有耐火、节能环保、装饰性强、安装方便等特点。柔性(软膜)吊顶可配合各种灯光系统(如霓虹灯、荧光灯、LED灯)营造梦幻般、无影的室内灯光效果。

任务目标

1. 掌握柔性(软膜)吊顶施工的工艺流程和施工工艺；
2. 熟知柔性(软膜)吊顶施工的质量验收标准、检验方法；
3. 能够绘制柔性(软膜)吊顶细部构造节点图。

任务内容

1. 任务描述：某办公室空间面积为22 m²，采用扁码(H码)龙骨、LED灯带、亚光膜。请描述此项任务的施工工艺，并绘制出相关细部构造节点图。

2. 参考图纸：办公室柔性(软膜)吊顶构造图，如图6.18所示。

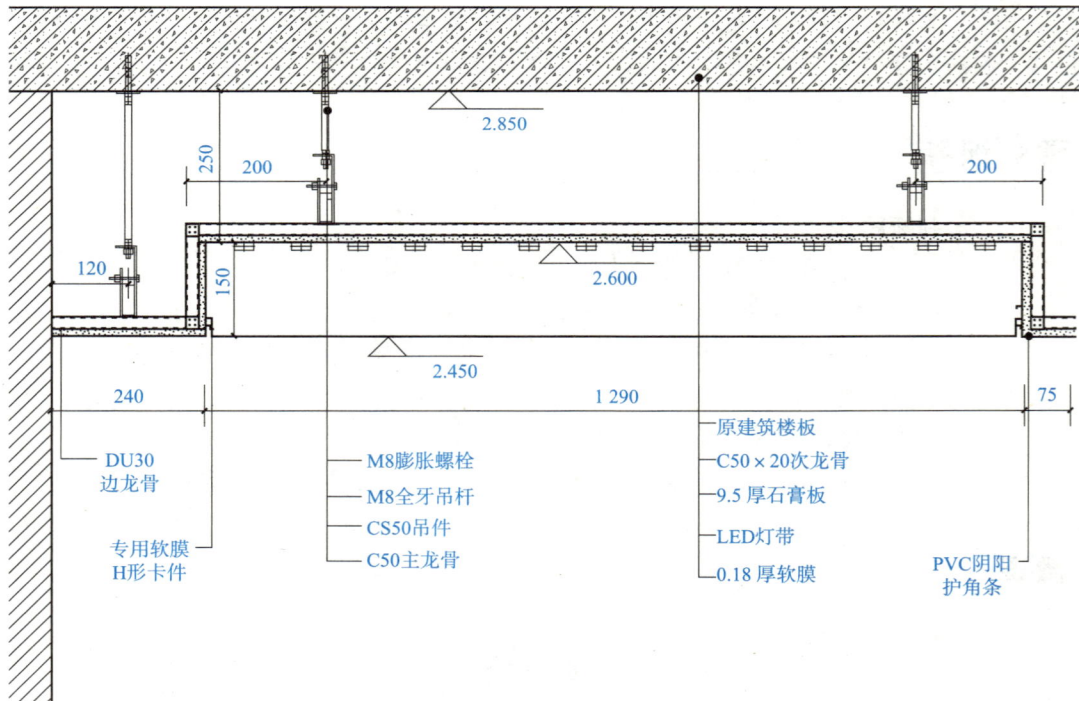

图6.18　办公室柔性(软膜)吊顶构造图

任务实施

一、施工准备

1. 材料准备及要求

（1）软膜种类：透光膜、光面膜、缎面膜、亚光膜、金属面膜、喷绘膜、鲸皮面膜等类型。本任务采用 0.2 mm 亚光膜，防火级别为 B1 级。

（2）龙骨为铝合金材质，共有扁码、F 码、纵双码、横双码、楔形码 5 种型号。严格按照材质及设计要求选用。

2. 施工机具准备

手电钻、手磨机、水准仪、专用铲刀、脚手架、螺钉旋具、电吹风、卷尺、自攻螺钉等。

3. 作业条件

（1）顶棚内各种管线均应安装完毕并办理手续。
（2）熟悉图纸，确定现场实际吊顶标高。
（3）搭好顶棚施工操作平台架。

二、工艺流程

施工准备→弹线定位→造型制作→定制软膜→安装光源→安装软膜→清理、维护。

三、施工工艺

（1）施工准备：办公室空间顶棚上部电气布线、空调管道等安装就位并调试完成，顶上杂物已清理干净。

（2）弹线定位：用水准仪确定标高线、吊顶造型位置线。

（3）造型制作（图 6.19）：以细木工板或以龙骨焊接成施工图设计的造型样式，要求造型密封、衔接严密、内壁刷白、灯箱盒吊装结实。为避免透过软膜吊顶看见灯具，灯箱盒的深度不得小于 300 m。

（4）定制软膜：根据现场测量后下单。确定尺寸单位、方向、接缝、材质、面积等。在实际测量时注意软膜吊顶具有弹性，实际加工尺寸应为现场测量尺寸加上一定的拉膜伸缩量。订膜周期一般需要七个工作日（货到现场）。

（5）安装光源（图 6.20）：D 为灯带间距，H 为灯管到软膜的距离（净空距离）。采用 LED 灯带，其节能、环保、亮度高，最佳净空距离 H 为 15～20 cm，灯带间距 D 为 8～15 cm。排布越密集，则亮度越高，其电源开关可安装亮度调节器，以便随时调节至需要的亮度。

图 6.19 造型制作

（6）安装软膜（图 6.21）：用专用的加热风炮或吹风机充分加热均匀展开软膜，然后用专用扁铲把软膜张紧插到铝合金龙骨骨架槽口。把内藏灯开启，注意灯光是否稳定、是否有色差、龙骨边缘是否漏光等。

图 6.20　安装光源

图 6.21　安装软膜

（7）清理、维护：安装完毕后，用干净毛巾把软膜吊顶清洁干净。对于人为脏污，如油烟、污水渍等，用一般中性清洁剂清洗，再用毛巾抹干即可。常规护理只需定期用清水清洁（一般每月一次）。

四、施工质量验收标准

质量验收标准及检验方法，严格按照《建筑装饰装修工程质量验收标准》（GB 50210—2018）及行业相关标准执行。具体见表 6.4。

表 6.4　质量验收标准及检验方法

项次	项目		质量标准/mm	检验方法
1	吊顶标高、尺寸、起拱和造型		符合设计要求	尺量检查
2	软膜与龙骨连接		牢固可靠，无松动变形	轻拉检查
3	龙骨	龙骨间距	≤2	尺量检查
		龙骨平直	≤2	尺量检查
		起拱高度	≤3	拉线尺量
		龙骨四周水平	≤3	尺量或水准仪检查
4	软膜	表面效果	符合设计要求	—

五、施工注意事项

(1)吊杆和龙骨的材质、规格、安装间距及连接方式应符合设计要求。

(2)光源排布间距均匀合理，以达到较好的光效，使空间柔和舒适。

(3)软膜吊顶安装符合施工规范要求，当需进行光源维护时，应采取专用工具拆卸膜体。

任务小结

柔性(软膜)吊顶施工的工艺流程：施工准备→弹线定位→造型制作→定制软膜→安装光源→安装软膜→清理、维护。

课后训练

判断题

1. 柔性(软膜)吊顶由软膜、软膜扣边、龙骨、光源组成。 （   ）

2. 柔性(软膜)吊顶光源采用 T5 灯管，其价格低，安装方便。 （   ）

3. 软膜色彩丰富，类型多样，可自行设计图案，通过喷绘设备将图案打印出来，配合灯光，营造梦幻般的室内效果。 （   ）

4. 软膜规格能够量身定做，可以完成各式各样的艺术造型，让设计师更具创造性。 （   ）

5. 软膜使用环保材料制作而成，且能够100％回收再利用，在使用过程中也不会挥发或产生其他污染物。 （   ）

施工技术交底实训记录

工程名称：	顶棚工程施工技术	姓名：	
交底部位：	顶棚	班级：	
工艺分类：	轻钢龙骨纸面石膏板吊顶施工	交底日期：	

工艺流程：

施工 CAD 节点图	施工三维节点图
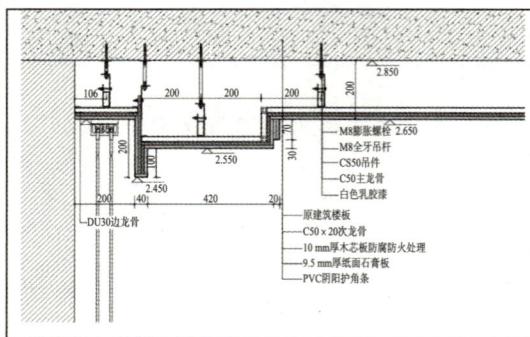	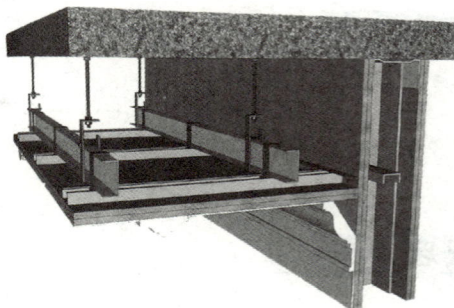

交底内容：（根据项目情况，描述以下交底内容）

一、施工准备

二、作业条件

三、施工工艺

四、质量标准

五、成品保护

六、注意事项

教师评价	

项目七 安装工程施工技术

项目导学 >>>

安装工程施工是房屋装饰装修的最后一步，完成此步后，业主就可以搬家居住了。具体安装施工均应符合国家标准《住宅装饰装修工程施工规范》(GB 50327—2001)、《建筑节能工程施工质量验收标准》(GB 50411—2019)等的规定要求。

本项目共有四项任务：任务一为门窗安装施工，任务二为定制家具安装施工，任务三为灯具、开关、插座安装施工，任务四为窗帘盒、护栏和扶手安装施工。

想一想

1. 门窗安装施工的工艺流程是什么？
2. 定制家具安装施工的施工工艺是什么？
3. 灯具、开关、插座安装施工的注意事项有哪些？
4. 窗帘盒、护栏和扶手安装施工的质量验收标准是什么？

>>> 任务一 门窗安装施工

门窗是建筑物围护结构系统、建筑造型的重要组成部分，具有保温、隔热、隔声、防水、防火等功能。门窗按材质可分为木门窗、塑钢门窗、铝合金门窗、断桥铝门窗、木铝复合门窗等；按开启方式可分为固定窗、上悬窗、中悬窗、下悬窗、平开门窗、滑轮窗、推拉门窗、折叠门、地弹簧门等；按性能可分为隔声型门窗、保温型门窗、防火门窗、气密门窗等。门窗洞口尺寸应符合《建筑门窗洞口尺寸系列》(GB/T 5824—2021)的规定。

任务目标

1. 掌握木门窗/铝合金门窗安装施工的工艺流程和施工工艺；
2. 熟知木门窗/铝合金门窗安装施工的质量验收标准、检验方法；
3. 能够绘制木门窗/铝合金门窗安装施工细部构造节点图。

任务内容

1. 任务描述：某酒店需要进行装修，有20樘装饰木门需进行安装，装饰木门委托外加工，需进行现场成品验收，按规范安装并验收安装质量。请描述此项任务的施工工艺，并绘制出相关细部构造节点图。

2．参考图纸：卧室空间单开门构造图，如图 7.1 所示。

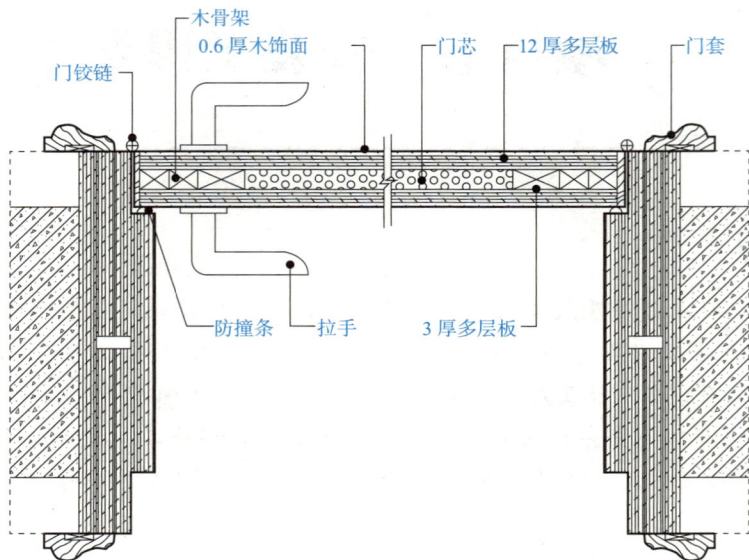

图 7.1　卧室空间单开门构造图

🧑 任务实施

一、施工准备

1. 材料准备及要求

（1）木门窗/铝合金门窗的规格、型号、数量及质量必须符合设计要求，有出厂合格证。

（2）五金配件配套齐全，规格、型号符合设计要求，并具有出厂合格证、材质检验报告书并加盖厂家印章。

（3）防腐材料、填缝材料、密封材料、防锈漆、水泥、砂、连接板等应符合设计要求和有关标准的规定。

2. 施工机具准备

电锯、手刨子、电锤、电焊机、塞尺、活扳手、水平尺、螺钉旋具、钳子、线坠、木钻等。

3. 作业条件

（1）检查门窗洞口尺寸及标高是否符合设计要求。有预埋件的门窗口还应检查预埋件的数量、位置及埋设方法是否符合设计要求。

（2）门框进入施工现场必须检查验收。门框扇安装前必须检查型号、尺寸是否符合要求，有无窜角、翘扭、弯曲、劈裂及木节情况等。

（3）检查铝合金门窗，如有劈裂窜角和翘曲不平、偏差超标、表面损伤、变形及松动、外观色差较大者，应与有关人员协商解决，经处理，验收合格后才能安装。

二、工艺流程

1. 木门窗安装施工工艺流程

基础处理→弹线找规矩→临时固定门套→安装门扇→胶结固定→安装锁具、门吸→质量检查。

2. 铝合金门窗安装施工工艺流程

基础处理→弹线定位→披水安装→防腐处理→安装固定→缝隙处理→安装门窗扇及玻璃→安装五金配件→质量检查。

三、施工工艺

1. 木门窗安装

（1）基础处理：清理门洞的洞口，复核洞口尺寸、墙体厚度等是否满足规定要求。

（2）弹线找规矩：根据门的尺寸、高度、安装位置和开启方向，在墙上、地面上画出门框的位置线。

（3）临时固定门套（图7.2）：将门套预放置洞口内，用木楔进行临时固定。

（4）安装门扇：运用木撑或专用工具进行横向和竖向支撑，调整门扇边缝细部及门扇垂直度。

（5）胶结固定（图7.3）：使用发泡胶结材料对调整后的成套门进行最终固定，将发泡胶注入门套与墙体之间的结构空隙，使填充密实度达85％以上。固定完成4 h后安装门脸线，其他缝隙处用密封条填缝处理。

图7.2　临时固定门套　　　　　　图7.3　胶结固定

（6）安装锁具、门吸（图7.4）：根据安装要求在现场用开孔器开孔，门锁安装应牢固，开锁自如、无异响。门吸、闭门器、执手的安装位置必须准确，锁具安装应在发泡胶完全固化后进行。

（7）质量检查：所有工艺完成后，最后进行质量检查、验收。

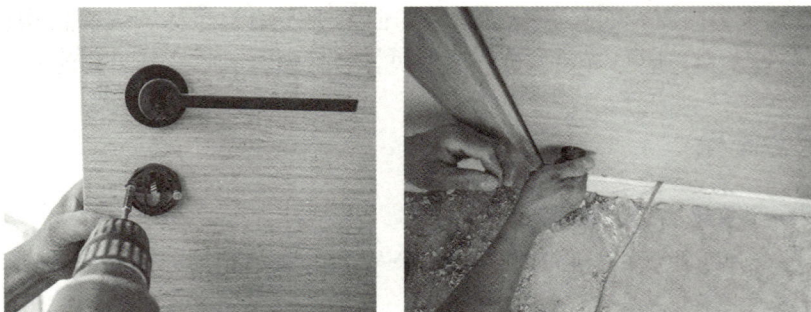

图 7.4 安装锁具、门吸

2. 铝合金门窗安装

(1)基础处理：清理窗洞的洞口，复核洞口尺寸、安装位置是否满足规定要求。

(2)弹线定位(图 7.5)：根据设计图纸要求，依据门窗中线向两边量出门窗边线。若为多层或高层建筑，以顶层门窗边线为准，用线坠或经纬仪将门窗边线下引，并在各层门窗口处画线标记，对个别不直的洞口边应处理好。

(3)披水安装：按施工图纸要求将披水固定在铝合金窗上，保证位置正确、安装牢固。

(4)防腐处理：在门窗框四周涂刷防腐涂料或粘贴塑料薄膜进行保护，避免水泥砂浆直接与铝合金门窗表面接触；若采用连接铁件固定，最好用不锈钢件，否则必须进行防腐处理，以免腐蚀铝合金门窗。

(5)安装固定(图 7.6)：根据定位线开始安装，及时调整好门窗框的水平、垂直及对角线长度等，使其符合质量标准，用安装定位气囊调节，然后用木楔临时固定。当墙体上有预埋铁件时，可直接把铝合金门窗的铁脚与预埋铁件焊牢，焊接处需做防锈处理；若没有预埋铁件，可用金属膨胀螺栓或塑料膨胀螺栓将铝合金门窗的铁脚固定到墙上。

图 7.5 弹线定位　　　　图 7.6 安装固定

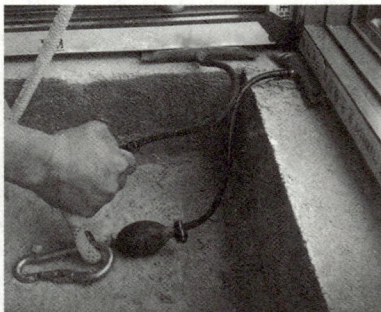

(6)缝隙处理(图 7.7)：连接件固定完毕后，应做好隐蔽工程验收。窗框与墙体间缝隙填塞采用矿棉条或聚氨酯发泡剂等软质保温材料填塞，框四周缝隙须留 5～8 mm 深的槽口，用密封胶填嵌，或用针筒打水泥砂浆以使其更加牢固。

(7)安装门窗扇及玻璃：对于推拉门窗，在门窗框安装固定后，将配好玻璃的门窗扇整体安入框内滑槽，调整好与扇的缝隙即可；对于平开门窗，在框与扇格架组装上墙、安装固定好后再安玻璃，最后镶嵌密封条及密封胶；对于地弹簧门，应在门框及地弹簧主机入地安装固定后再安门扇，最后填嵌门扇玻璃的密封条及密封胶。

（8）安装五金配件（图7.8）：五金配件与门窗用镀锌螺钉连接。五金配件安装后应结实牢固，使用灵活，安装工艺要求详见产品说明。

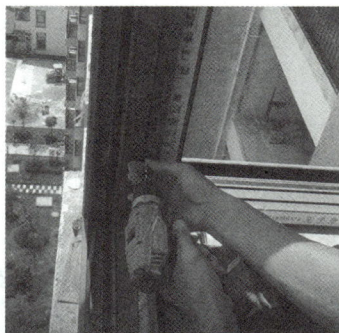

图 7.7　缝隙处理　　　　　图 7.8　安装五金配件

（9）质量检查：铝合金门窗安装好后，应进行喷淋抽检试验，不得有渗漏现象。高层建筑外墙铝合金窗应按设计要求做可靠的防雷接地。

四、施工质量验收标准

质量验收标准及检验方法严格按照《建筑装饰装修工程质量验收标准》（GB 50210—2018）第6.1.1～第6.6.9条执行。具体见表7.1、表7.2。

表 7.1　木门窗安装的留缝限值、允许偏差和检验方法

项次	项目		留缝限值/mm	允许偏差/mm	检验方法
1	门窗框的正、侧面垂直度		—	2	用1 m垂直检测尺检查
2	框与扇接缝高低差		—	1	用塞尺检查
	扇与扇接缝高低差			1	
3	门窗扇对口缝		1～4	—	用塞尺检查
4	工业厂房、围墙双扇大门对口缝		2～7	—	
5	门窗扇与上框间留缝		1～3	—	
6	门窗扇与合页侧框间留缝		1～3	—	
7	室外门扇与锁侧框间留缝		1～3	—	
8	门扇与下框间留缝		3～5	—	用塞尺检查
9	窗扇与下框间留缝		1～3	—	
10	双层门窗内外框间距		—	4	用钢直尺检查

项次	项目		留缝限值/mm	允许偏差/mm	检验方法
11	无下框时门扇与地面间留缝	室外门	4～7	—	用钢直尺或塞尺检查
		室内门	4～8	—	
		卫生间门		—	
		厂房大门	10～20	—	
		围墙大门		—	
12	框与扇搭接宽度	门	—	2	用钢直尺检查
		窗	—	1	用钢直尺检查

表 7.2　铝合金门窗安装的允许偏差和检验方法

项次	项目		允许偏差/mm	检验方法
1	门窗槽口宽度、高度	≤2 000 mm	2	用钢卷尺检查
		>2 000 mm	3	
2	门窗槽口对角线长度差	≤2 500 mm	4	用钢卷尺检查
		>2 500 mm	5	
3	门窗框的正、侧面垂直度		2	用 1 m 垂直检测尺检查
4	门窗横框的水平度		2	用 1 m 水平尺和塞尺检查
5	门窗横框标高		5	用钢卷尺检查
6	门窗竖向偏离中心		5	用钢卷尺检查
7	双层门窗内外框间距		4	用钢卷尺检查
8	推拉门窗扇与框搭接宽度	门	2	用钢卷尺检查
		窗	1	

五、施工注意事项

(1)安装木门窗时应轻拿轻放，防止损坏成品，修整木门窗时不能硬撬，以免损坏扇料和五金。

(2)铝合金门窗临时固定后，应检查四周边框和中间框架是否用规定的保护胶纸和塑料薄膜封贴包扎好，防止被污染损坏。

(3)在施工过程中对于电锤等施工机具产生的噪声，施工人员应严格按工程确定的环保措施进行控制。

(4)五金配件安装完后，注意做好成品保护。

(5)施工后的废料应及时清理，做到工完场地清，坚持文明施工。

1. 木门窗安装施工工艺流程：基础处理→弹线找规矩→临时固定门套→安装门扇→胶结固定→锁具、门吸安装→质量检查。

2. 铝合金门窗安装施工工艺流程：基础处理→弹线定位→披水安装→防腐处理→安装固定→缝隙处理→安装门窗扇及玻璃→安装五金配件→质量检查。

课后训练

1. 描述木门窗/铝合金门窗安装施工的工艺流程。
2. 描述木门窗/铝合金门窗安装施工质量验收标准。

微课

门与门套安装工艺

任务二　定制家具安装施工

　　定制家具是指公司以客户家里的环境和尺寸为基础，结合客户的生活习惯，用板材（包含实木板）和五金配件，运用相关工艺技术（家具构造工艺、板材制成工艺、五金工艺）定制出的极度契合客户家居环境与人本需求的个性化家具。

任务目标

1. 掌握定制衣柜/橱柜安装施工的工艺流程和施工工艺；
2. 熟知定制衣柜/橱柜安装施工的质量验收标准、检验方法；
3. 能够绘制定制衣柜/橱柜安装施工细部构造节点图。

任务内容

　　1. 任务描述：某居民家需要进行装修，有一套橱柜与两个卧室的衣柜需要进行安装，橱柜与衣柜均采用定制家具安装，需进行现场成品验收，按规范安装并验收安装质量。请描述此项任务的施工工艺，并绘制出相关细部构造节点图。

　　2. 参考图纸：卧室空间衣柜三视图，如图7.9所示。

139

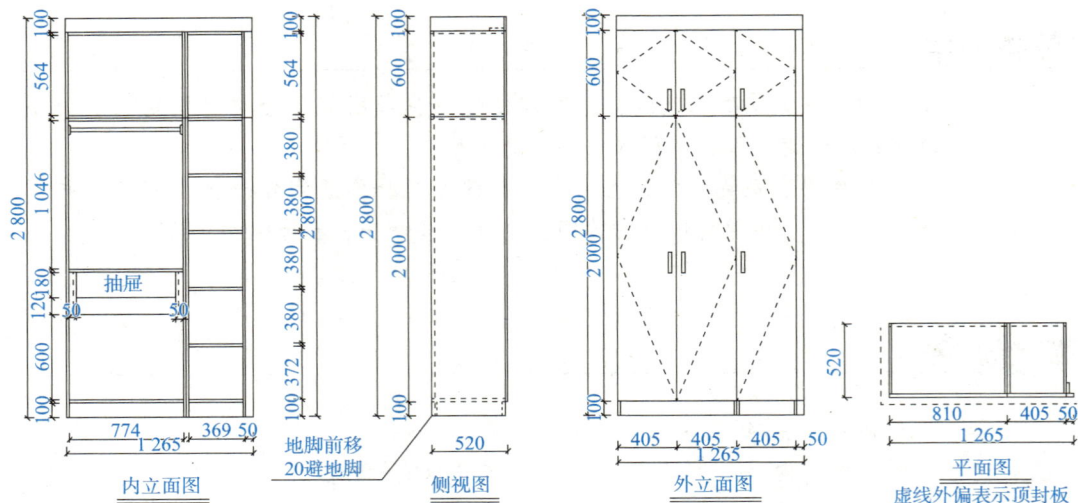

图 7.9　卧室空间衣柜三视图

👤 任务实施

一、施工准备

1. 材料准备及要求

(1)板材、五金件及功能配件等应符合设计要求和有关标准的规定。

(2)衣柜/橱柜的造型、尺寸、安装位置、制作和固定方法应符合设计要求。安装应牢固。

(3)确定安装任务，主动联系客户，确定到达客户家的时间，让客户做好准备工作。

2. 施工机具准备

冲击钻、电锯、铁锤、角尺、卷尺、螺钉旋具、开孔器、玻璃胶/枪等。

3. 作业条件

现场墙面、顶面全部完工，地板/地砖铺设完毕。

二、工艺流程

1. 定制衣柜安装施工工艺流程

前期准备→安放底板→固定框架→安装顶板/层板→其他安装→细部调整→验收、保洁。

2. 定制橱柜安装施工工艺流程

前期准备→安装地柜→安装吊码→固定吊柜→安装台面→安装五金配件→安装门板→细部调整→验收、保洁。

三、施工工艺

1. 定制衣柜安装

（1）前期准备（图 7.10）：拆开包装后验收各块板材和五金配件，与安装师傅对接安装图纸，验收无误后，按设计图预留的钉眼，现场工人用专用工具把螺钉固定好。

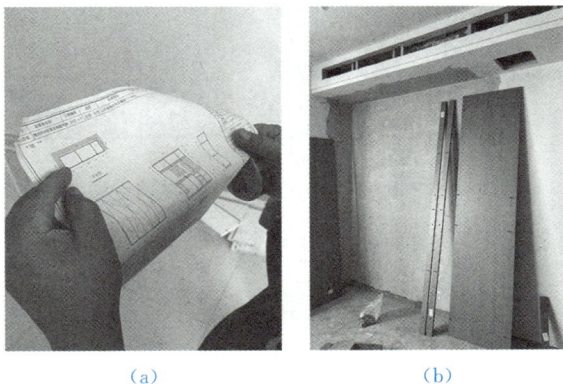

（a）　　　　　　　　　　　　　（b）

图 7.10　前期准备
（a）对接安装图纸；（b）板材分类

（2）安放底板：将衣柜底板放置在打扫干净的地面上，进行安装。

（3）固定框架（图 7.11）：按照板材上的凹槽安装好衣柜的侧板和背板，调整好各块板之间的位置。

（4）安装顶板/层板（图 7.12）：将顶板/层板放置到事先敲好螺钉的地方，然后固定，注意调整层板与背板、侧板的固定位置。

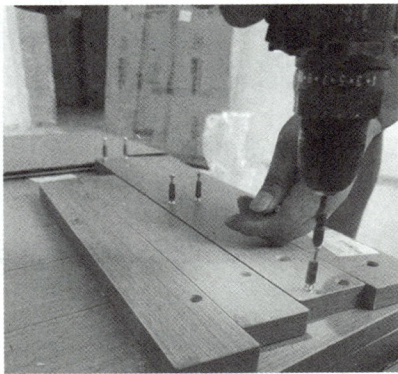

图 7.11　固定框架　　　　　　**图 7.12　安装顶板/层板**

（5）其他安装：按照设计要求安装衣通杆，注意两边要平衡；安装门扇，两扇移门要贴合导轨的位置安装，先固定好门扇再把底边的导轨固定好，如图 7.13 所示。

（6）细部调整（图 7.14）：全部安装完成之后，对衣柜进行全面检查，若有偏差应及时调整。摇晃柜体看是否牢固，表面应平整、拼缝应严密。

图 7.13　安装柜门　　　　图 7.14　细部调整

(7)验收、保洁：检查各项细节是否处理到位，然后对安装过程中产生的灰尘、木屑进行清理。

2. 定制橱柜安装

(1)前期准备：拆开包装后验收各块板材、门板、台面、五金配件和功能配件等，验收无误后，现场工人一般按照地柜、吊柜、台面、功能配件的顺序进行安装。

(2)安装地柜(图 7.15)：分测量尺寸、找出基准点、连接地柜三步。安装时工人要先使用水平尺对地面、墙面进行测量后了解地面水平情况，最后调整橱柜水平；地柜之间的连接组装可通过木梢、二合一连接件及螺钉来实施。一般柜体之间需要 4 个连接件进行连接，以保证柜体之间的紧密度。

图 7.15　安装地柜

(3)安装吊码：吊码是实现吊柜与墙面连接的最重要的五金配件，安装在吊柜上角两边，起调解高低作用，与其配合使用的有固定在墙体上的吊片。

(4)固定吊柜(图 7.16)：将吊柜的吊码扣到吊片上，然后用工具紧固螺钉，保证连接的紧密。吊柜安装完毕后，必须调整吊柜的水平。

(5)安装台面(图 7.17)：目前使用的橱柜台面多数为人造石或天然石台面，出厂之前已切割好，安装时，只需将之放置到对应的地柜上。两块台面之间的拼接口需要用角磨机进行磨平，直待拼接口完全吻合。拼接缝使用专业胶水进行粘结，胶水固化后用打磨机打磨抛光。

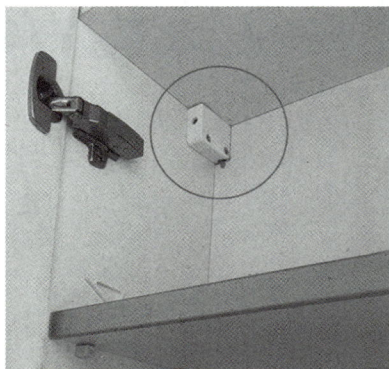

图 7.16　固定吊柜　　　　　　　图 7.17　安装台面

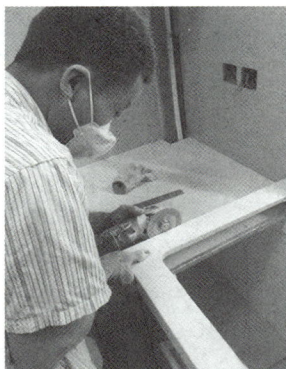

（6）安装五金配件（图7.18）：五金配件包括铰链、拉手、水盆、龙头、拉篮等。为了防止水盆或下水管出现渗水，软管与水盆的连接应使用密封条或玻璃胶密封，软管与下水道也要用玻璃胶进行密封。

（7）安装门板（图7.19）：将铰链固定到门板对应的安装孔上，然后将门板对应到柜体，所有门板的高度保持门板下沿与箱体下沿水平，最后用工具将门板的铰链固定到柜体上。门板调平后，所有铰链全部盖上铰链盖。

（8）细部调整（图7.20）：全部安装完之后，对橱柜进行全面检查，若有偏差应及时调整。门板高低一致，中缝宽度一致；拉手处于同一水平线上；铰链、滑轨等固定件安装牢固。

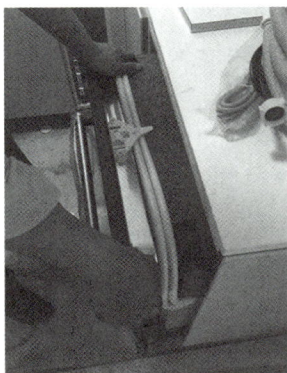

图 7.18　安装五金配件　　　　图 7.19　安装门板　　　　图 7.20　细部调整

（9）验收、保洁：检查各项细节是否处理到位，然后对安装过程中产生的灰尘、木屑进行清理。

四、施工质量验收标准

质量验收标准及检验方法按照《建筑装饰装修工程质量验收标准》（GB 50210—2018）第14.2.1～第14.2.8条执行。具体见表7.3。

表 7.3　定制家具安装的允许偏差和检验方法

项次	项目		允许偏差/mm	检验方法
1	外形尺寸		2	用钢尺检查
2	立面垂直度		1	用1 m垂直检测尺检查
3	门与框架的平行度		1	用钢尺检查
4	柜身	侧板与固定层板缝隙	—	用钢直尺或塞尺检查
		柜身侧板连接缝隙	—	
		活动层板二合一偏心锁锁紧		
5	顶柜	顶柜门铰开合顺畅无杂声	—	—
		门板缝隙上下大小一样、横平竖直	1	用钢直尺检查
6	五金配件	轨道抽拉顺畅、无异声	—	—
		门铰开合顺畅	—	

五、施工注意事项

(1)安装完成后，对衣柜/橱柜进行全面检查，如手动摇晃柜体看安装是否稳定、移动柜门有无杂音等，若有偏差应及时调整。

(2)柜体表面应平整、洁净、色泽一致，不得有裂缝、翘曲及损坏。

(3)验收完成后，注意做好成品保护。

(4)施工后的废料应及时清理，做到工完场地清，坚持文明施工。

任务小结

1. 定制衣柜安装施工工艺流程：前期准备→安放底板→固定框架→安装顶板/层板→其他安装→细部调整→验收、保洁。

2. 定制橱柜安装施工工艺流程：前期准备→安装地柜→安装吊码→固定吊柜→安装台面→安装五金配件→安装门板→细部调整→验收、保洁。

课后训练

1. 描述定制衣柜/橱柜安装施工的工艺流程。

2. 描述定制衣柜/橱柜安装施工质量验收标准。

微课

储藏类家具施工工艺

任务三　灯具、开关、插座安装施工

灯具、开关、插座是家居生活光明的来源，良好的规划和布局会给整个居室带来美观大方的装饰性效果。

任务目标

1. 掌握灯具、开关、插座安装施工的工艺流程和施工工艺；
2. 熟知灯具、开关、插座安装施工的质量验收标准、检验方法；
3. 能够绘制灯具、开关、插座安装细部工艺详图。

任务内容

1. 任务描述：某居民家需要进行装修，现装修工程已接近尾声，进入灯具、开关、插座安装施工阶段，需按规范安装并验收安装质量。请描述此项任务的施工工艺，并绘制出相关细部构造节点图。

2. 参考图纸：开关线路布置图，如图 7.21 所示。

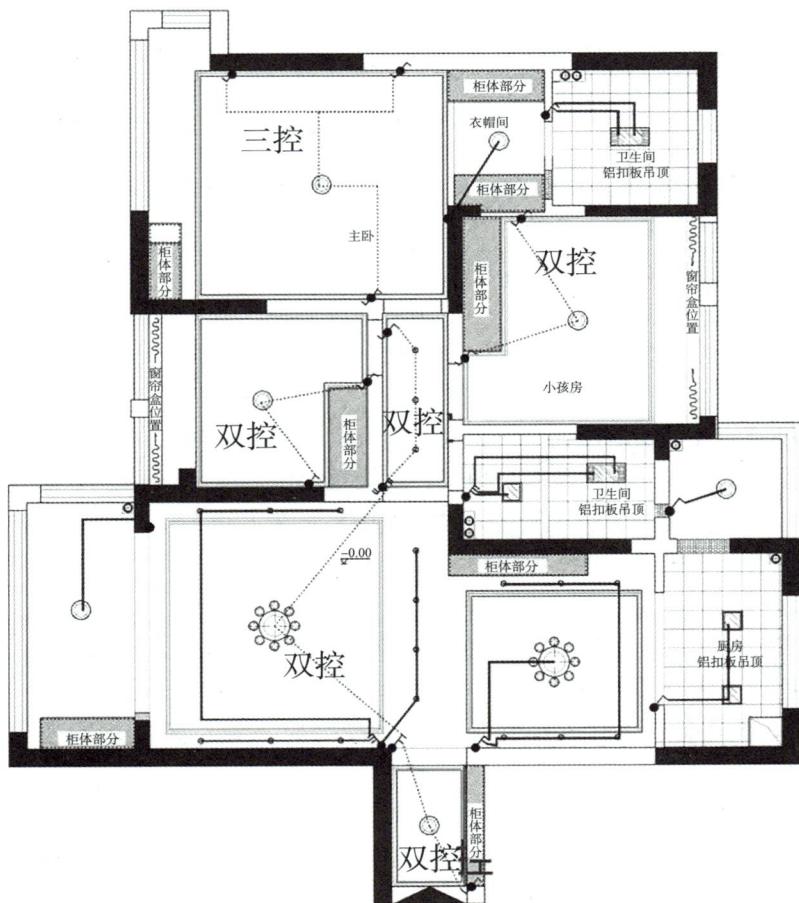

图 7.21　开关线路布置图

🧑‍🏫 任务实施

一、施工准备

1. 材料准备及要求

(1)各型开关、插座：规格型号必须符合设计要求，并有产品合格证。

(2)其他材料：金属膨胀螺栓、塑料胀管、镀锌木螺钉、镀锌机螺钉、木砖。

2. 施工机具准备

錾子、剥线钳、尖嘴钳、螺钉旋具、电工刀、万用表、卷尺、水平尺、线坠、绝缘手套、手锤、套管、电钻等。

3. 作业条件

(1)各种管路、盒子已经敷设完毕，盒子收口平整。

(2)线路的导线已穿完，并已做完绝缘检测。

(3)墙面的浆活、油漆及壁纸等内装修工作均已完成。

二、工艺流程

检查、清理→接线→安装→通电、试验。

三、施工工艺

(1)检查、清理。检查预留线盒位置，若有偏差应及时改正。用改锥或錾子轻轻地将盒子内残存的水泥、灰块等杂物剔除，再用湿布将盒内灰尘擦净。接线盒埋入较深，超出 1.5 cm 时，应加装套盒，如图 7.22 所示。

(2)接线。

1)剪除盒内多余电线，用剥线钳剥出适合长度，以恰好能完整插入接线孔的长度为宜。

2)同一场所的开关切断位置一致，且操作灵活，接点接触可靠。

3)应注意划分相线、零线及保护地线，要按规定位置连接，不能接错。

4)开关、插座接线采用插入压接方式，开关要装在火线上，一块面板上有多个开关时，各个开关要分别接线，导线要单独穿管，如图 7.23 所示。

(3)安装。

1)开关安装规定：开关面板距地面的高度为 1.4 m，距门口 150～200 mm，开关不得置于单扇门后；安装开关的面板应端正、严密并与墙面平齐；开关位置应与灯位对应，同一室内开关方向应一致；成排安装的开关高度应一致，高低差不大于 2 mm，如图 7.24 所示。

2)插座安装规定：暗装和工业用插座距地面不低于 300 mm；同一室内安装的插座高低差不应大于 5 mm；成排安装的插座高低差不应大于 2 mm；暗装的插座应有专用盒，盖板应端正严密并与墙面平齐；落地插座应有保护盖板。

3)按接线要求，将盒内甩出的导线与开关插座的面板连接好，将开关或插座推入盒内(如果盒子较深，深度大于 2.5 m，应回装套盒)，对正盒眼，用螺钉固定牢固，固定时要使面板端正，并与墙面平齐，如图 7.25 所示。

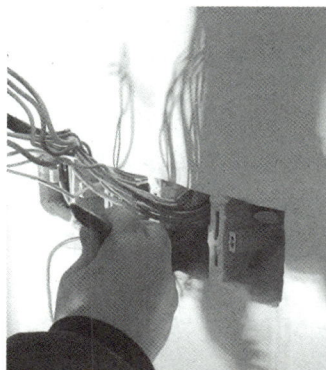

图 7.22 清理线盒内杂物

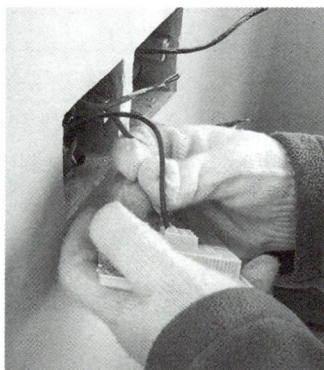

图 7.23 接线

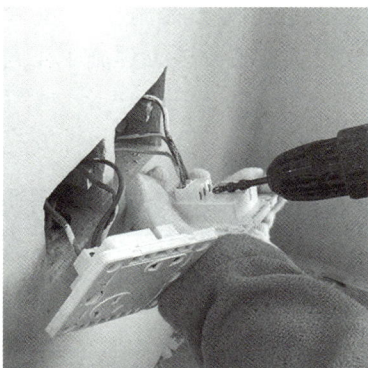

图 7.24 安装开关/插座

图 7.25 对正面板

4)吊顶花灯的安装：灯具固定应牢固可靠，在砌体和混凝土结构上严禁使用木楔、尼龙塞或塑料塞固定；将预先组装好的灯具托起，用预埋好的吊钩挂住灯具内的吊钩；将灯内导线与电源线用压接帽可靠连接；把灯具上部的装饰扣碗向上推起并紧贴顶棚，拧紧固定螺钉；调整好各个灯口，上好灯泡，配上灯罩，如图 7.26 所示。

图 7.26 安装吊顶花灯

(4)通电、试验。灯具安装完毕，经绝缘测试检查合格后，方允许通电试运行。通电后应仔细检查和巡视，检查灯具的控制是否灵活、准确；开关与灯具控制顺序是否对应，灯具有无异常噪声，如发现问题应立即断电，查出原因并修复。

> **备注说明**：智能开关、插座有哪些？
>
> 1. 智能开关有两种：可接单火线智能开关和可接零火线智能开关。智能开关通过智能化模块实现智能感应、远程控制、联动智能家居设备、调节灯光亮度等功能，有效帮助节约能耗。
>
> 2. 智能插座有两种：智能插座转换器和完全替代普通插座的智能插座，可实现远程遥控，如通过手机控制插座上的电器。

四、施工质量验收标准

质量验收标准及检验方法，严格按照《建筑电气工程施工质量验收规范》(GB 50303—2015)、《常用灯具安装》(96D702-2)、《建筑安装分项工程施工工艺规程》(DBJ/T 01-26-2003)的规定执行。具体见表 7.4。

表 7.4　质量验收标准及检验方法

项次	项目	质量标准/mm	检验方法
1	开关、插座的安装位置正确	牢固可靠，符合设计要求	观察和触动检查
2	导线进入器具处绝缘良好，不伤线芯；插座的接地单独敷设	符合设计要求	观察和通电检查
3	开关、插座并列安装	高度≤5、垂直度≤0.5	吊线、尺量检查
4	灯线盒预埋检查	—	观察、尺量检查
5	绝缘电阻测定	—	摇表摇测
6	材质规格检查	—	有出厂合格证，符合设计要求

五、施工注意事项

(1)安装开关、插座和灯具时应注意保持地面、墙面和顶板的整洁，不得污损。

(2)进行其他工种作业时，应注意不得损伤已装好的开关、插座和灯具。

(3)安装插座面板或灯具时如遇有多股铜芯软线，导线应留出适当的长度，削出线芯进行涮锡。

(4)在潮湿环境中安装开关、插座时，使用防水、防溅面板或加装防水、防溅保护盖。

任务小结

开关、插座安装施工的工艺流程：检查、清理→接线→安装→通电、试验。

1. 描述开关、插座和灯具安装施工的工艺流程。
2. 描述开关、插座和灯具安装施工质量验收标准。

微课

开关、插座和灯具安装施工

开关、插座安装施工工艺   灯具安装施工工艺   灯具施工工具介绍

任务四　窗帘盒、护栏和扶手安装施工

　　窗帘盒是家庭装修中的重要部位，是隐蔽窗帘帘头的重要设施。窗帘盒一般有两种形式。房间中有吊顶的，窗帘盒应隐蔽在吊顶内，在做顶部吊顶时一同完成；房间中无吊顶的，窗帘盒固定在墙上，与窗框套成为一个整体。护栏和扶手是指设在梯段及平台边缘的安全保护构件。扶手一般附设于栏杆顶部，供依扶之用，扶手也可附设于墙上，称为靠墙扶手。

任务目标

　　1. 掌握窗帘盒、护栏和扶手安装施工的工艺流程和施工工艺；
　　2. 熟知窗帘盒、护栏和扶手安装施工的质量验收标准、检验方法；
　　3. 能够绘制窗帘盒、护栏和扶手安装细部工艺详图。

任务内容

　　1. 任务描述：某居民家需要进行装修，现装修工程已进入窗帘盒、护栏和扶手等安装施工阶段，需按规范安装并验收安装质量。请描述此项任务的施工工艺，并绘制出相关细部构造节点图。
　　2. 参考图纸：暗装式窗帘盒构造图，如图7.27所示。

任务实施

一、施工准备

1. 材料准备及要求

（1）制作与安装窗帘盒所使用的材料和规格、木材的阻燃性能等级和含水率（含水率不高于12%)及人造板的甲醛含量,应符合设计要求和国家现行标准的有关规定。

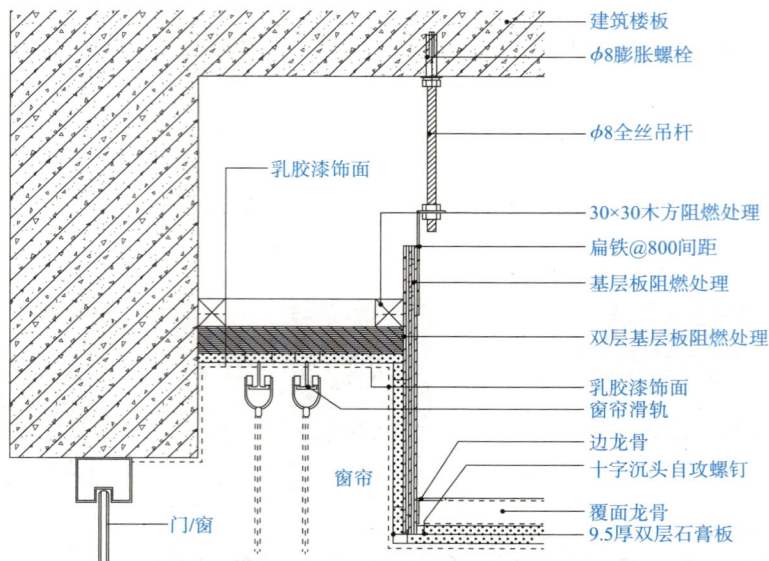

图 7.27　暗装式窗帘盒构造图

（2）防腐剂、油漆、钉子等各种小五金配件必须符合设计要求,并做好防腐处理,不得有裂缝、扭曲等缺陷。安装固定材料一般用木龙骨、角钢或扁钢。

2. 施工机具准备

云石锯、手电钻、电锤、砂轮锯、钢板锉大刨子、小刨子、手锯、钢锯、锤子、凿子、冲子、割角尺、橡皮锤、靠尺板、小线、水平尺等。

3. 作业条件

室内抹灰完毕后无吊顶采用明窗帘盒的房间,应安装好窗框;有吊顶采用暗窗帘盒的房间,吊顶施工应与窗帘盒同时进行。

二、工艺流程

1. 暗装式窗帘盒施工工艺流程

定位与弹线→制作窗帘盒→安装木龙骨固定件→安装窗帘盒→安装、加固面板。

2. 钢化玻璃护栏和扶手安装施工工艺流程

定位与弹线→连接预装→安装固定→修整调平→油漆涂刷。

三、施工工艺

1. 暗装式窗帘盒安装

（1）定位与弹线：按设计图要求进行中心定位,弹好找平线,找好构造关系。

（2）制作窗帘盒：根据设计尺寸进行裁板并组装窗帘盒。

（3）安装木龙骨固定件：依据定位线在结构墙面打孔,间距为 600 mm,并下木楔,木楔应经过防火防腐处理，采用木螺钉或直钉固定木龙骨，根据窗帘盒进深固定吊杆，间距在 1 000 mm 以内，吊杆下端连接扁钢或吊挂件。

（4）安装窗帘盒(图 7.28)：窗帘盒靠墙一侧用气钉及木螺钉与木龙骨固定，侧面与吊挂件用自攻螺钉固定。

（5）安装、加固面板(图 7.29)：面板采用 9.5 mm 厚双层石膏板，木龙骨或型钢加斜支撑加固。

图 7.28　安装窗帘盒　　　图 7.29　安装、加固面板

备注说明：智能窗帘的窗帘盒如何设计？

1. 什么是智能窗帘？

智能窗帘是带有自我调节、控制功能的电动窗帘。常规智能窗帘，通过墙壁面板或遥控器的一键功能，可以实现窗帘开合自动化，有些品牌的智能窗帘还带有定时开启和手机 App 控制功能。

2. 设计注意事项

智能窗帘电动机的电源线的长度为 1 m 左右，连接智能窗帘的插座必不可少；在设计时考虑单轨或双轨，并将插座布置在窗帘盒外沿垂直线内，确保窗帘能够将线遮挡，使墙面更加美观；根据墙角是否有柱体，确定窗帘单开或双开及开启方向，如图 7.30 所示。

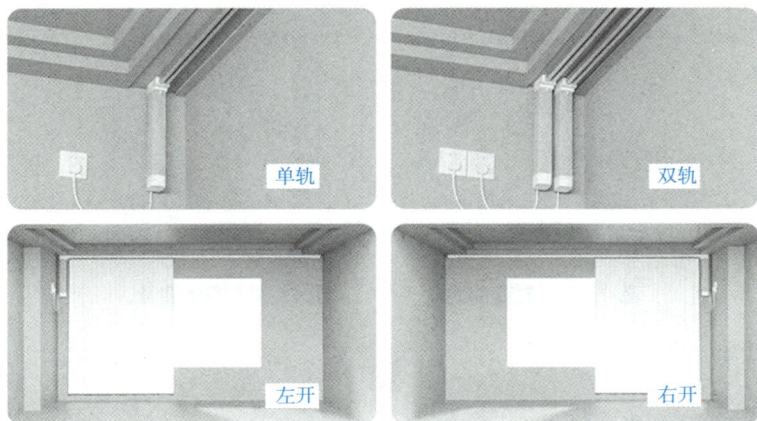

单轨　　双轨　　左开　　右开

图 7.30　智能窗帘示意

2. 钢化玻璃护栏和扶手安装

(1)定位与弹线：定位出护栏和扶手的固定件。对位置、标高、转角形状找位校正后，弹出栏杆纵向或横向中心线。按设计扶手构造，根据折弯位置、角度，画出折弯或割角线，如图 7.31 所示。

(2)连接预装：按设计构造，摆出基本造型。预制木扶手须经预装，预装木扶手时由下往上进行，先预装起步弯头及连接第一跑扶手的折弯弯头，再配上、下折弯之间的直线扶手料，进行分段预装粘结，如图 7.32 所示。

图 7.31　定位与弹线　　　　图 7.32　连接预装

(3)安装固定(图 7.33)：安装木扶手与栏杆(栏板)上固定件，用木螺钉拧紧固定，将固定间距控制在 400 mm 以内，操作时在固定点处先将扶手料钻孔，再将木螺钉拧入，使螺母平正。

(4)修整调平(图 7.34)：扶手折弯处如有不平顺，应用细木锉锉平，找顺磨光，使其折角线清晰、坡角合适、弯曲自然、断面一致，最后用木砂纸打光。

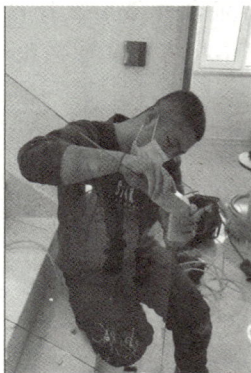

图 7.33　安装固定　　　　图 7.34　修整调平

(5)油漆涂刷：根据装修标准和设计要求，进行油漆补漏涂刷。

四、施工质量验收标准

木制品的种类，材质等级，含水率和防腐处理必须符合设计要求和《木结构工程施工质量验收规范》(GB 50206—2012)。栏杆选用扁钢、铁管和不锈钢的，必须符合设计要求及有关国家规定执行。具体见表7.5和表7.6。

表7.5　窗帘盒和窗台板安装的允许偏差和检验方法

项次	项目	允许偏差/mm	检验方法
1	水平度	2	用1 m水平尺和塞尺检查
2	上口、下口直线度	3	拉5 m线，不足5 m拉通线，用钢直尺检查
3	两端距窗洞口长度差	2	用钢直尺检查
4	两端出墙厚度差	3	用钢直尺检查

表7.6　护栏和扶手安装的允许偏差和检验方法

项次	项目	允许偏差/mm	检验方法
1	护栏垂直度	3	用1 m垂直检测尺检查
2	栏杆间距	0，−6	用钢直尺检查
3	扶手直线度	4	拉通线，用钢直尺检查
4	扶手高度	+6，0	用钢直尺检查

五、施工注意事项

(1)暗装式窗帘盒的造型、规格、尺寸、安装位置和固定方法应符合设计要求，安装应牢固。

(2)窗帘盒和窗台板表面应平整、洁净、线条顺直、接缝严密、色泽一致，不得有裂缝、翘曲及损坏。

(3)制作与安装护栏和扶手所使用材料的材质、规格、数量和木材、塑料的燃烧性能等级应符合设计要求。

(4)护栏和扶手的造型、尺寸、护栏高度、栏杆间距和安装位置应符合设计要求。护栏安装应牢固。

(5)栏板玻璃的使用应符合设计要求和现行行业标准《建筑玻璃应用技术规程》(JGJ 113—2015)的规定。

(6)护栏和扶手转角弧度应符合设计要求，接缝应严密，表面应光滑，色泽应一致，不得有裂缝、翘曲及损坏。

任务小结

1. 暗装式窗帘盒施工工艺流程：定位与弹线→制作窗帘盒→安装木龙骨固定件→安装窗帘盒→安装、加固面板。

2. 护栏和扶手安装施工工艺流程：定位与弹线→连接预装→安装固定→修整调平→油漆涂刷。

课后训练

1. 描述窗帘盒、护栏和扶手安装施工的工艺流程。
2. 描述窗帘盒、护栏和扶手安装施工质量验收标准。

微课

智能窗帘系统结构及调试

施工技术交底实训记录

工程名称：	安装工程施工技术	姓名：	
交底部位：	顶棚	班级：	
工艺分类：	暗装式窗帘盒安装施工	交底日期：	

工艺流程：

施工 CAD 节点图	施工三维节点图

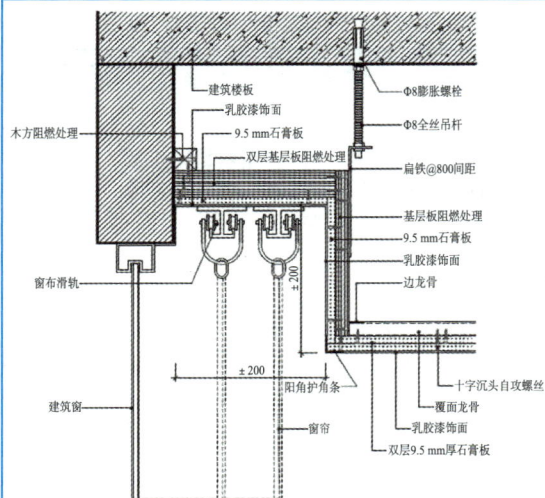

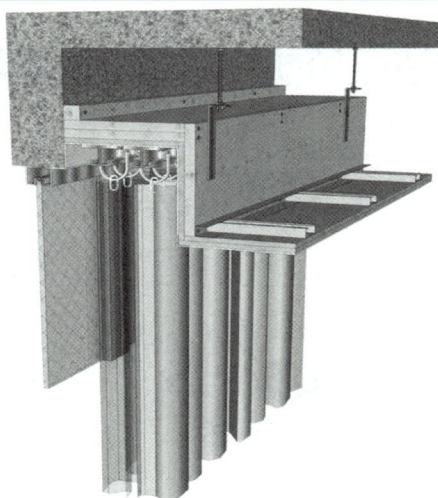

CAD节点图标注：
建筑楼板
乳胶漆饰面
9.5 mm石膏板
双层基层板阻燃处理
木方阻燃处理
Φ8膨胀螺栓
Φ8全丝吊杆
扁铁@800间距
基层板阻燃处理
9.5 mm石膏板
乳胶漆饰面
边龙骨
窗布滑轨
±200
±200
建筑窗
阳角护角条
窗帘
十字沉头自攻螺丝
覆面龙骨
乳胶漆饰面
双层9.5 mm厚石膏板

交底内容：（根据项目情况，描述以下交底内容）

一、施工准备

二、作业条件

三、施工工艺

四、质量标准

五、成品保护

六、注意事项

教师评价	

附件1 施工工具表

序号	图例	工具名称	工具用途/介绍	备注
1		电锯	电锯，又叫"动力锯"，用来切割木料、石料、钢材等的切割工具，边缘有尖齿。分为手固定式和手提式	
2		砂轮锯	砂轮锯，又叫砂轮切割机，可对金属方扁管、方扁钢、工字钢、槽型钢、碳圆钢、圆管等材料进行切割，在此工程中用于切割墙体	
3		切割机	常用来切割家装中的排水管道。切割机操作简单、实用性高，代替了传统的钢锯	
4		各类扳手	扳手是一种常用的安装与拆卸工具，不同形状、型号的扳手可对应安装和拆卸各种螺丝栓（梅花扳手、两用扳手、呆板手、活扳手等）	
5		手锤	单手操作的锤子，由手柄和锤头组成。一般分为硬头手锤和软头手锤两种	
6	除尘扣 舒适提手 插柄旋转开关 碳刷更换仓 防护罩 锯片 深度调节板	开槽机	开槽机，又叫水电开槽机、墙面开槽机，主要用于墙面的开槽作业，一次操作就能开出施工需要的线槽，机身可在墙面上滚动，且可通过调节滚轮的高度控制开槽的深度与宽度	

序号	图例	工具名称	工具用途/介绍	备注
7		手刨子	刨子，用来刨直、削薄、出光、制作平物面的一种木工工具。用来刨平、刨光、刨直、削薄木材	
8		钳子	老虎钳，也叫钢丝钳，是手工工具，钳口有刃，多用来起钉子或夹断钉子和铁丝	
9		螺钉旋具	螺钉旋具是使螺钉旋转的常用工具，通常有薄楔形头，可以插入螺钉头的槽	
10		电锤	电锤是电钻的一种，用在混凝土、楼板、砖墙和石材上钻孔。利用气缸活塞运动产生冲击，钻孔效率高，穿透性强	
11		刨墙机	通过动力系统使组合金钢刀快速滚动铲墙，铲除内外墙的旧墙纸、旧涂料、旧腻子等。优点是能收集粉尘，保护环境及工人健康；操作轻便；携带方便	
12		墙皮铲	铲墙钢铲，一种人工铲墙工具	
13		直钉枪	直钉枪的用途：重力设计，力量特强，适合特殊用途的硬木钉合工作	
14		热熔机	利用电加热方法将加热板热量传递给上下塑料加热件的熔接面，使其表面熔融，然后将上下两片加热件加热后的熔融面熔合、固化、合为一体的仪器	

序号	图例	工具名称	工具用途/介绍	备注
15		打压泵	打压泵是测试水压、水管密封效果的仪器，一端连接水管，另一端不断地向水管内部增加压力，测试水管是否存在泄漏问题	
16		管子割刀	管子割刀一般是 PVC、PP-R 等塑管材料的剪切工具，辅助切割机和热熔机来完成水管的切割工作	
17		墨斗	用于水电路的定位和画线，确定两个点后进行弹线，是进行精确开槽定位的工具	
18		激光旋转水平仪	用于放线，一条由基准激光水平组件放出基准水平直线，另一条由转动激光直线组件放出任意高度角和任意方位角的水平线或水平平行线组及垂直线、垂直线平行线组	
19		毛刷	可用于涂刷涂料和清洁等，是最原始和比较常用的工具	
20		滚筒刷	用于墙面裂缝、墙面相接处，主要作用是防裂，绷住墙面，防止腻子层受水泥墙面影响导致起皮、开裂	
21		砂纸	用于对墙面进行打磨，以减少墙面刷痕，使墙面更加光滑	
22		油灰刀	是油漆工经常使用的工具，使用简单方便	

序号	图例	工具名称	工具用途/介绍	备注
23		油漆喷枪	选择喷涂方式时需要用到油漆喷枪	
24		刮刀	刮刀是刮削的主要工具	
25		泡沫胶	适用于各种软质材料自粘和与硬质材料的互粘。如泡沫、海绵、皮革、PVC软材、KT板、塑料膜、软质纤维等与硬质材料薄钢板、铝板、有机板、玻璃、木材、石材、瓷砖等的互粘	

序号	图例	材料名称	材料用途/规格	备注
1	50轻钢龙骨	50 轻钢龙骨	轻钢龙骨是以热镀锌板带为原材料，经冷弯工艺轧制而成的建筑用金属骨架。按断面形式有 V 形、C 形、T 形、L 形、U 形龙骨。建筑用轻钢龙骨 DC50×15×1.5 GB/T 11981	
2		纸面石膏板	以建筑石膏为主要原料，掺入适量添加剂与纤维做板芯，以特制的板纸为护面，经加工制成的板材。具有重量轻、隔声、隔热、加工性能强、施工方法简便的特点。可分普通、耐水、耐火和防潮四类	
3		PVC 排水管	PVC 管，是由聚氯乙烯树脂与稳定剂、润滑剂等配合后用热压法挤压成型的塑料管材。抗拉强度高、抗老化性能好，使用年限可达 50 年。施工方法简单、操作方便，安装工效高。规格尺寸有 $\phi32$、$\phi40$、$\phi50$、$\phi63$、$\phi75$、$\phi90$、$\phi110$、$\phi125$、$\phi140$、$\phi160$、$\phi180$、$\phi200$ 等	
4		45°弯头	用于转弯处，连接两个相同规格的排水管，检修口作检查和清通之用	

序号	图例	材料名称	材料用途/规格	备注
5		截止阀	一种安装在阀杆下面以达到关闭、开启目的的阀门，分为直流式、角式、标准式，还可分为上螺纹阀杆截止阀和下螺纹阀杆截止阀	
6		三角阀	管道在三角阀处呈 90°的拐角形状，三角阀起到转接内外出水口、调节水压的作用，还可作为控水开关，分为 3/8（3 分）阀、1/2（4 分）阀、3/4（6 分）阀等	
7		P形存水弯	存水弯是在卫生器具排水管上或卫生器具内部设置一定高度的水柱，防止排水管道系统中的气体窜入室内的附件。P形存水弯用于与排水横管或排水立管水平直角连接的场所，S形存水弯用于与排水横管垂直连接的场所	
8		等径三通	三端连接相同规格的排水管	
9		管卡	用于固定排水管	
10		实木地板	实木地板按加工工艺划分为企口实木地板、指接地板、集成材地板拼方、拼花实木地板等	

序号	图例	材料名称	材料用途/规格	备注
11		木龙骨	采用松木或杉木,规格一般为 2.5 cm×4 cm、3 cm×4 cm,长度为 2～4 m。实木地板安装一般是 1 m 木地板安装 3～4 根龙骨。一般来说实木地板的长宽为 910 cm×120 mm,需铺设 3 根地板龙骨	
12		防火涂料	用于可燃性基材表面,能降低被涂材料表面的可燃性,阻滞火灾的迅速蔓延,用以提高被涂材料的耐火极限	
13		地毯	按材质分类:纯羊毛地毯、化纤地毯、混纺地毯、塑料地毯等。地毯弹性好、耐脏、不褪色、不变形,具有质地柔软、脚感舒适、使用安全的特点	
14		倒刺钉板条	三合板条(厚为 4～6 mm,宽为 24～25 mm,长为 1 200 mm)钉两排斜钉(间距为 40 mm),五个高强度水泥钉均匀分布(钢钉间距为 400 mm,距端头为 100 mm),用于墙、柱根部的地毯的固定	
15		铝合金倒刺条	用于固定地毯端头,有固定和收口的作用	
16		地垫	橡胶垫或橡胶泡沫垫,厚度小于 10 mm,每平方米质量为 1.4～1.9 kg	

序号	图例	材料名称	材料用途/规格	备注
17		隔声棉	环保隔声棉由100％聚酯纤维组成，环保等级E1级，常用30 mm、50 mm两种规格，是玻璃纤维棉、岩棉等同类材料的替代品。优势：环保无毒、无害、高防水、渗透	
18		木芯板	细木工板（俗称大芯板、木工板）是具有实木板芯的胶合板。市场上大部分是实心、胶拼、双面砂光、五层的细木工板，尺寸规格为1 220 mm×2 440 mm	
19		轻体砖	用于隔断墙，无须悬挂重物的时候直接砌筑即可，要悬挂重物，则施工时需配备钢筋水泥来增强它的稳固性。规格有：600 mm×240 mm×100 mm（120 mm，150 mm，200 mm）	
20		水泥砖	是一种取代黏土砖的更新换代产品，主原料可以分许多种类，比如说粉煤灰、海涂泥化工渣等，其常用规格是240 mm×115 mm×53 mm	
21		ALC隔墙板	ALC是蒸压轻质混凝土的简称，以粉煤灰（或硅砂）、水泥、石灰等为主原料，经过高压蒸汽养护而成的多气孔混凝土成型板材。ALC板既可做墙体材料，又可做屋面板，是一种性能优越的新型建材	
22		硅酸钙板夹芯复合内隔墙板	硅钙复合夹芯板规格：595 mm×595 mm、603 mm×603 mm，1 200 mm×600 mm、300 mm×300 mm，300 mm×600 mm。由硅质和钙质材料为主，经制浆、成型、蒸养、烘干、砂光及后加工等工序制成的一种新型板材。产品具有轻质高强、防火隔热、加工性好等优点	

163

序号	图例	材料名称	材料用途/规格	备注
23	双色 黄色 绿色 红色 蓝色	电线	电线是用以输电(磁)能、信息和实现电磁能转换的线材产品,是家庭装修中不可缺少的隐蔽工程材料。电线可分为硬线和软线。常见的电线尺寸有 1.5 平方、2.5 平方、4 平方、6 平方、10 平方等	
24		网线	网线是连接计算机网卡和路由器或交换机的电缆线,网线主要有双绞线、同轴电缆、光缆三种。双绞线常见的有 5 类线和超 5 类线、6 类线,以及最新的 7 类线,前者线径细而后者线径粗	
25		穿线管	穿线管全称为"建筑用绝缘电工套管",它是一种可防腐蚀、防漏电,穿电线用的硬质 PVC 胶管。常用规格有 $\phi16$ mm、$\phi20$ mm、$\phi25$ mm、$\phi32$ mm、$\phi40$ mm、$\phi50$ mm、$\phi63$ mm 及 $\phi75$ mm 等	
26		暗装底盒	暗装底盒也叫线盒,原料为 PVC,安装时需预埋在墙体中,安装电器的部位与线路分支或导线规格改变时就需要安装线盒。电线在盒中完成穿线后,上面可以安装开关、插座的面板	
27		线管锁扣	用于线管与底盒的连接和固定	
28		管卡	水电安装中常用的一种管件,用于固定管道	

序号	图例	材料名称	材料用途/规格	备注
29		防水涂料	防水涂料是指涂料形成的涂膜能够防止雨水或地下水渗漏的一种涂料。防水涂料可按涂料状态和形式分为乳液型、溶剂型、反应型和改性沥青	
30		底漆	底漆通常为白色或透明的黏稠液体，可以直接涂到物体表面的涂料，是油漆配套系统的第一层，具有加固底材、提供抗碱性、提供防腐功能、提高面漆的附着力、增加面漆的丰满度、提高面漆的装饰性等功能	
31		面漆	面漆是涂装的最终涂层，是建筑墙体装修中最后涂抹的一层。要有较好的遮盖力、耐擦洗性、保光保色性、涂膜干燥快、透气性，具有一定的耐污染、耐老化、防潮、防霉性、还要有不污染环境、安全无毒、无火灾危险、施工方便等特点	
32		腻子	通过填补或者整体处理的方式，清除基层表面高低不平的部分，保持墙面的平整光滑，是基层处理中最重要的步骤	
33		槽钢	槽钢是截面为凹槽形的长条钢材，属建造用和机械用碳素结构钢，是复杂断面的型钢材，其断面形状为凹槽形。槽钢主要用于建筑结构、幕墙工程、机械设备和车辆制造等	
34		镀锌钢板	镀锌钢板是表面有热浸镀或电镀锌层的焊接钢板，一般广泛用于建筑、家电、车船、容器制造业、机电业等	

165

序号	图例	材料名称	材料用途/规格	备注
35		膨胀螺栓	膨胀螺栓，是将设备固定在墙上。由沉头螺栓、胀管、平垫圈、弹簧垫和六角螺母组成	
36		石材干挂件	作为墙体与石板间不外露的辅件，坚固和韧性是其重要的特征	
37		角钢	角钢用于固定基础。角钢俗称角铁、是两边互相垂直成角形的长条钢材。其规格以边宽×边宽×边厚的毫米数表示。如"∟30×30×3"，即表示边宽为 30 mm、边厚为 3 mm 的等边角钢	
38		石材干挂胶	石材干挂胶应用于石材干挂工艺中，起到的作用就是充当胶粘剂，帮助起到一个粘合方面的作用	
39		大理石	主要用于加工成各种形材、板材，做建筑物的墙面、地面、台、柱等材料	
40		基层阻燃板	阻燃板，又叫难燃板，有阻燃密度板、阻燃胶合板等，是在人造板生产流程中，通过复杂的工艺，将阻燃剂添加到板材生产线中制成的人造板	

序号	图例	材料名称	材料用途/规格	备注
41		软包块	皮雕软包：机器经过模具复制生产出来的产品，一小块一小块的拼接出来，市面上最多的是 40 mm×40 mm 大小，产品可以定做，模具使用的材质好用精雕机雕刻出来纹理精细度非常高。 传统软包：可以直接在施工现场切割板材包覆海绵上墙。产品分三层，第一层板材；第二层是海绵；最上面一层是皮革料	
42		木装饰线条	木装饰线条简称木线，主要用做建筑物室内墙面的腰饰线、墙面洞口装饰线、护壁和勒脚的压条饰线、门框装饰线、顶棚装饰角线、栏杆扶手镶边、门窗及家具的镶边等	
43		集成墙面用板	集成墙面板表面除了拥有墙纸，涂料所拥有的彩色图案，其最大特色就是立体感很强，拥有凹凸感的表面，是墙纸、涂料的换代产品	
44		金属扣件	集成墙面板安装扣件组合	

参 考 文 献

[1] 程志高. 建筑装饰施工技术[M]. 2版. 北京：机械工业出版社，2015.

[2] 冯美宇. 建筑装饰装修构造[M]. 4版. 北京：机械工业出版社，2021.

[3] 张亚英，甄进平. 建筑装饰工程施工[M]. 2版. 北京：机械工业出版社，2015.

[4] 任雪丹，迟桂芳. 建筑装饰装修工程施工[M]. 2版. 北京：高等教育出版社，2019.

[5] 董远林. 建筑装饰构造与施工[M]. 北京：高等教育出版社，2017.

[6] 中华人民共和国住房和城乡建设部. JGJ/T 491—2021 装配式内装修技术标准[S]. 北京：中国建筑工业出版社，2021.

[7] 中华人民共和国住房和城乡建设部. GB 50210—2018 建筑装饰装修工程质量验收标准[S]. 北京：中国建筑工业出版社，2008.

[8] 集成墙板施工，https://mp. weixin. qq. com/s/ZAMfxxGdYW4S-Yejb4tQYQ.